高职高专通信技术专业系列教材

路由交换技术

主　编　谭传武　陈苗苗　邓建芳

副主编　漆玉强　李永芳　刘红梅

西安电子科技大学出版社

内 容 简 介

本书以华为路由交换设备的配置与管理为主线，逐一介绍交换机的二层交换技术与配置、路由技术、交换机的三层交换技术、VRRP 技术和防火墙技术等的基本原理和设备操作方法。全书共分为五个项目和一个附录，项目一为交换机的二层交换技术及配置，项目二为路由技术与应用，项目三为交换机的三层交换技术与应用，项目四为 VRRP 技术与应用，项目五为防火墙技术与应用，附录给出了 BGP/MPLS IP VPN 典型配置。本书共 25 个任务，任务的实现过程发布在"铁道通信凌特工作室"微信公众号上，欢迎读者关注公众号并收藏学习。

本书可作为高职高专院校通信技术专业的教材，也可作为相关技术人员的参考书。

图书在版编目(CIP)数据

路由交换技术 / 谭传武，陈苗苗，邓建芳主编. —西安：西安电子科技大学出版社，2022.9
(2025.8 重印)
ISBN 978–7–5606–6613–6

Ⅰ. ①路… Ⅱ. ①谭… ②陈… ③邓… Ⅲ. ①计算机网络—路由选择 ②计算机网络—信息交换机 Ⅳ. ①TN915.05

中国版本图书馆 CIP 数据核字(2022)第 157896 号

策　　划　陈　婷
责任编辑　陈　婷
出版发行　西安电子科技大学出版社(西安市太白南路 2 号)
电　　话　(029) 88202421　88201467　　　　邮　　编　710071
网　　址　www.xduph.com　　　　　　　　电子邮箱　xdupfxb001@163.com
经　　销　新华书店
印刷单位　西安创维印务有限公司
版　　次　2022 年 9 月第 1 版　2025 年 8 月第 3 次印刷
开　　本　787 毫米×1092 毫米　1/16　印张 9.5
字　　数　222 千字
定　　价　30.00 元
ISBN　978–7–5606–6613–6
XDUP 6915001–3
如有印装问题可调换

前　言

本书以任务驱动教学法为导向，每个任务均采用任务描述、相关知识、实施步骤、任务总结、任务拓展的方式来组织，任务中包含详细的配置过程和验证方式，希望能帮助读者快速掌握华为数据通信设备的配置方法。

本书共五个项目，一个附录。项目一主要介绍了交换机的工作原理、VLAN 技术、STP 及 MSTP 的配置与验证方法，项目二主要介绍了静态路由协议、RIP 协议、OSPF 协议、BGP 协议、ISIS 协议的基本原理、应用领域、配置与验证方法，项目三主要介绍了三层交换机 VLAN 间互访、路由器子接口实现 VLAN 间互访、三层交换机与路由器对接、静态 BFD 及策略路由（PBR）的配置与应用，项目四主要介绍了路由器基础 VRRP 和子接口 VRRP、交换机基础 VRRP 和多组 VRRP 的配置与应用，项目五主要介绍了防火墙的基础配置和 NAT 配置方法，附录给出了 BGP/MPLS IP VPN 的典型配置。

本书项目一、项目二、项目三主要由湖南铁道职业技术学院谭传武、南京铁道职业技术学院邓建芳编写，湖南铁道职业技术学院刘红梅、南京铁道职业技术学院李永芳校对；项目四、项目五主要由湖南铁道职业技术学院陈苗苗编写，四川铁道职业学院漆玉强校对；全书由谭传武负责统稿。

本书还在智慧职教 MOOC 平台建设了完整的数字资源，包含 PPT 课件、视频教程等，使用本书的读者可联系主编（229522351@qq.com）授权获取。本书的内容已发布在"铁道通信凌特工作室"微信公众号上，关注公众号可以获取电子版教程。

由于编者水平有限，书中欠妥之处不可避免，恳切希望广大读者批评指正。

编　者

2022 年 3 月

目　　录

项目一 交换机的二层交换技术及配置

计算机网络通常由许多不同类型的网络互联而成，网络互联离不开网络设备。网络设备通常是指路由器和交换机。工作在数据链路层的交换机是通常所说的二层交换机，工作在网络层的交换机是三层交换机。本项目讨论二层交换机技术及其配置，主要任务有：

任务 1　交换机的连接及远程登录管理。

任务 2　交换机的端口类型及 VLAN 配置。

任务 3　交换机的链路聚合配置。

任务 4　交换机的 STP 配置与应用。

任务 5　交换机的 MSTP 配置与应用。

任务 1　交换机的连接及远程登录管理

 任务描述

新购的华为交换机需投入使用，请使用电脑通过 CONSOLE 端口正确连接交换机，并为交换机配置 Telnet 远程登录功能。

新购或者正在使用的交换机出现故障时，需要对设备进行配置、管理和维护。对设备进行配置、管理和维护时，通常需要使用面板上的 CONSOLE 端口连接电脑，这也是工程实施中最常用的设备配置、管理和维护方法。网络工程师为了提升效率，也可远程对交换机进行维护操作，但需要配置管理地址和 Telnet 远程登录管理功能。

 相关知识

1. 认识 CONSOLE 端口

CONSOLE 端口专门用于对交换机进行配置和管理。通过 CONSOLE 端口连接并配置交换机，是配置和管理交换机必需的步骤。新购买的交换机通常不会内置远程登录的参数，所以 CONSOLE 端口是最常用、最基本的交换机管理和配置端口。华为设备的 CONSOLE 端口如图 1-1 所示。CONSOLE 端口有明显的标识。

个人计算机(PC)与交换机的连接如图 1-2 所示，交换机的 CONSOLE 端口通过 CONSOLE 线与计算机的 USB 接口连接，连接后可通过管理软件登录设备。CONSOLE 线有多种，其中 RJ45-USB 就是 CONSOLE 线的一种，如图 1-3 所示。

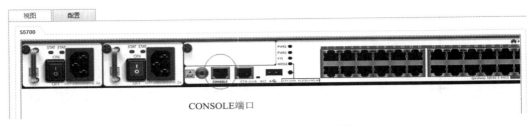

CONSOLE端口

图 1-1　华为设备的 CONSOLE 端口

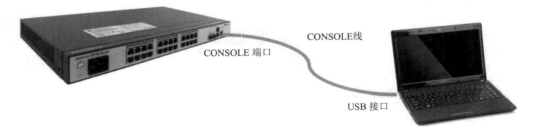

图 1-2　PC 通过 CONSOLE 端口连接交换机

图 1-3　CONSOLE 线示意图

2．SecureCRT 软件安装

在 PC 上安装了终端管理软件才能对设备进行管理和配置。目前常用的管理软件是 SecureCRT。接下来介绍 SecureCRT 的使用。首先，解压打开如图 1-4 所示的应用程序 SecureCRTPortable.exe。

			文件夹
App			文件夹
Data			文件夹
636网址导航.url	345	266	Internet 快捷方式
SecureCRTPortable.exe	100,178	65,871	应用程序
SecureCRTPortable.ini	162	151	配置设置
SecureFXPortable.exe	100,171	66,666	应用程序
SecureFXPortable.ini	160	148	配置设置
电脑装机必备软件.url	220	189	Internet 快捷方式
统一下载站.url	344	263	Internet 快捷方式

图 1-4　SecureCRT 应用程序

打开 SecureCRT 软件后，单击"快速连接"按钮，打开"快速连接"对话框，在"协议"选项中选择串口模式为"Serial"，在"端口"选项中选择端口类型为"COM2"，在"波特率"选项中选择"9600"，取消"流控"选项下的复选框，详细操作过程如图 1-5 所示。

图 1-5   SecureCRT 操作步骤

所有选项选择好了以后，单击"连接"按钮即可登录设备。登录之前要获取设备的管理账户和密码，登录后也可以修改登录密码。

3. 视图模式及常用命令

华为 eNSP 模拟器的视图模式分为用户视图、系统视图、接口视图和协议视图四种，如图 1-6 所示。

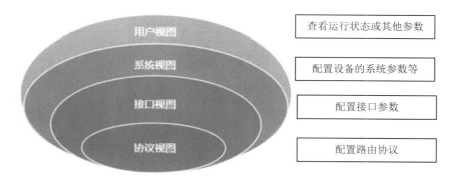

图 1-6   华为 eNSP 模拟器的视图模式

华为设备模拟器视图界面如图 1-7 所示，在用户视图下只能查询运行状态或其他参数，在系统视图下可配置设备参数，在接口视图下可配置接口参数，在协议视图下可配置支持的路由协议。

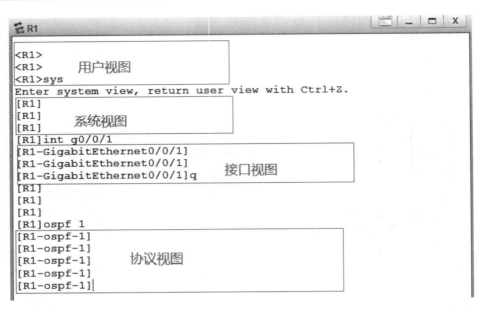

图 1-7　模拟器的视图界面

华为设备常用的配置命令如表 1-1 所示。

表 1-1　常用的配置命令

序号	命令
1	删除设备配置：reset saved-configuration
2	重启：reboot
3	查看当前配置文件：display current-configuration
4	修改设备名：sysname
5	保存配置：save
6	进入特权模式：sysview
7	删除某条命令：undo
8	静态路由：ip route-static 0.0.0.0 0.0.0.0 XXX.XXX.XXX.XXX
9	查看路由表：display ip routing-table
10	启动/关闭：　undo shutDOWN/shutDOWN
11	补全该命令：TAB
12	退出当前模式：Quit
13	查看当前配置：dis this(华为特有的设计)
14	备份配置文件：copy flash:/vrpcfg.zip flash:/cfgbackup.zip

4. Telnet(远程登录)配置方法

如果对每个设备都通过 CONSOLE 端口进行配置，工程师的工作效率会很低。因此，在首次连接后会给设备配置管理 IP 地址，后续就可通过 Telnet 进行设备管理了。交换机的管理一般都是通过 Telnet 来完成的，而在登录设备管理界面时进行身份验证的方式主要有以下两种：一种是基于密码的纯密码验证，另一种是基于用户名和密码的 AAA 验证。

1) 密码验证

基于密码的身份验证方式是 CISCO 公司最早采用的，早期的华为设备也都采用这种基于密码的身份验证方式，配置方法如下：

```
[Quidway] User-interface vty 0 4         #配置虚拟线路 0～4
[Quidway-ui-vty0-4] authentication-mode password          #登录者身份验证方式为密码验证
[Quidway-ui-vty0-4] protocol inbound telnet               #协议为 Telnet
[Quidway-ui-vty0-4] set authentication password cipher huawei          #设置登录密码
[Quidway-ui-vty0-4] quit
[Quidway] super password level 15 cipher huawei15         #设置 15 级管理员身份切换密码
```

2) AAA 验证

随着网络设备安全问题逐渐被各厂商和用户所重视，基于用户名和密码双重参数验证的 AAA 验证方式诞生了。AAA 验证通过用户名和密码两个参数共同确保身份的合法性，因此本质上 AAA 验证的安全性更好，配置方法如下：

```
[Quidway] User-interface vty 0 4
[Quidway-ui-vty0-4] authentication-mode aaa               #验证方式为 AAA
[Quidway-ui-vty0-4] quit
[Quidway] aaa                                             #进入 AAA 配置模式
[Quidway-aaa] local-user admin password cipher Adm19@gd   #创建用户，并设置密码
[Quidway-aaa] local-user admin privilege level 15         #设定 Telnet 用户为 15 级别
[Quidway-aaa] local-user admin service-type telnet        #账户与 Telnet 用户绑定，否则登录失败
```

配置了验证方式后，只要管理机与网络设备之间具有 IP 连通性，那么就能实现 Telnet 管理了。

✍ **实 施 步 骤**

1. 拓扑规划

采用华为模拟器(eNSP)对远程登录配置过程进行模拟，在 eNSP 上建立拓扑，如图 1-8 所示，交换机 LSW 启用 Telnet 客户端作为服务器。由于 eNSP 模拟的 PC 端不能实现 Telnet 服务，因此用路由器 R1 代替 PC 端作为 Telnet 客户端。

图 1-8　远程登录拓扑案例

2. 交换机和路由器的配置

1) 交换机的配置

[Huawei]sys LSW	#给设备重命名为 LSW
[LSW]aaa	#启动 AAA 验证
[LSW-aaa]local-user user1 password cipher 123456	#配置验证加密的密码为 123456
[LSW-aaa]local-user user1 service-type telnet	#配置登录方式为 Telnet
[LSW]telnet server enable	#启用 Telnet
[LSW]user-int vty 0 4	#配置虚拟线路 0～4
[LSW-ui-vty0-4]authentication-mode aaa	#配置身份验证方式为 AAA
[LSW-ui-vty0-4]user privilege level 15	#配置登录后的权限
[LSW-ui-vty0-4]qu	
[LSW]int vlan 1	#配置交换机的管理端口 VLAN1
[LSW-Vlanif1]ip add 192.168.56.2 24	#为交换机配置管理地址

2) 路由器的配置

在路由器 GE 0/0/1 端口上配置 IP 地址为 192.168.56.0/24 网段即可。

[R1]interface GigabitEthernet 0/0/1
[R1-GigabitEthernet 0/0/1] ip address 192.168.56.3 255.255.255.0

3. Telnet 功能测试

在路由器上使用 Telnet 服务登录到交换机。需要注意的是，Telnet 在访问级视图下才能使用，因此在配置视图下启用 Telnet 会报错，如图 1-9 所示。

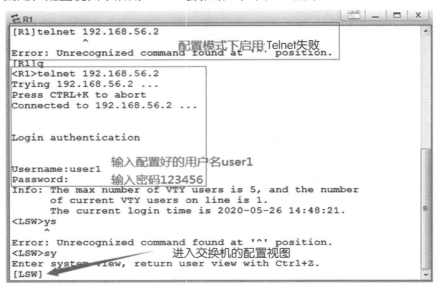

图 1-9 远程登录的过程

从图 1-9 可以看到，路由器 R1 通过 Telnet 服务，进入到交换机的配置视图，在这里可以执行交换机的相关配置，免除了用 CONSOLE 线换来换去的麻烦。如果要退出 Telnet，输入 quit 命令即可。

 任务总结

　　在任务实施中,首先要正确识别交换机等设备的 CONSOLE 端口,才能使用 CONSOLE 线正确连接 PC 与交换机;在设置 SecureCRT 软件参数时,要填写正确的 COM 端口,而且需要安装 USB 转串口的驱动(有些 CONSOLE 线在有网络的状态下可自动安装驱动)。

　　在配置 Telnet 参数时,不仅需要掌握 AAA 验证配置的流程,还要掌握设备的各种视图的权限及功能。测试过程是在用户视图下完成的,配置完后应及时保存配置命令。

 任务拓展

　　根据所学知识,请查找相关资料,完成 SSH 远程登录的配置,配置拓扑如图 1-10 所示。R1 模拟 PC 机,LSW 为交换机,请自己规划 IP 地址。

图 1-10　SSH 远程登录配置拓扑

任务 2　交换机的端口类型及 VLAN 配置

 任务描述

　　某公司的由 4 台交换机、200 多台电脑组成的局域网络,经常掉线。网络工程师诊断:整个公司局域网络属于一个网段,只有一个广播域,交换机在工作时一旦发出广播信息,就会传遍整个局域网络,导致网络风暴。

　　请将公司的局域网络按部门划成若干个 VLAN(虚拟局域网),达到有效分割广播域,提高网络安全性和可靠性的目的。

 相关知识

1. 交换机的工作原理

　　交换机是数据链路层设备,能够读取数据包中的网卡(MAC)地址信息,并根据 MAC 进行交换,其工作原理如图 1-11 所示。

　　图 1-11 中 A、B、C、D 4 台主机的 IP 地址在同一网段内,其 IP 地址和 MAC 地址如图 1-11 所示。交换机有一张 MAC 地址表,数据是通过 MAC 地址进行交换的,接入网络之前,交换机的 MAC 地址是空的。

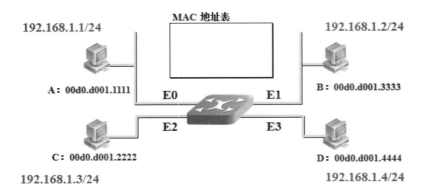

图 1-11　交换机的工作原理

当主机 A(192.168.1.1)向主机 C(192.168.1.3)发送数据时，交换机是如何把数据正确地发给主机 C 的呢？

交换机的工作过程：主机 A 在发送数据时会携带自身的 MAC 地址，交换机从 E0 端口收到数据后，就会在 MAC 表中记录一条信息，如图 1-12 所示。

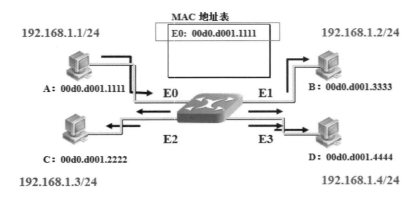

图 1-12　交换机的工作原理(记录 E0 端口)

从图 1-12 中可知，交换机的 MAC 地址表已经有一条记录，但交换机并不知道主机 C 在哪个端口，不确定数据是从哪个端口转发的，所以交换机只能选择在 E0 以外的所有端口都转发，即洪泛(flooding)。主机 B、C、D 在收到来自主机 A 的信息后，解开数据进行比对，主机 B 和主机 D 发现不是找它的，就把数据丢弃，只有主机 C 核对后发现是找它的，于是返回一条信息给交换机。在返回信息时，带上了主机 C 自身的 MAC 地址，这时交换机的 MAC 地址表就又多了一条记录，如图 1-13 所示。

交换机收到来自主机 C 的数据后，是否还要向全部端口转发呢？不会的，因为主机 C 发的信息有目的地址信息(主机 A)，交换机就会直接把数据从 E0 端口发送给主机 A。

当主机 B 发数据给主机 C 时，交换机会从 E1 端口获取主机 B 的 MAC 地址并记录在 MAC 表中，交换机收到信息后查询 MAC 表，发现已有主机 C 的地址，于是直接把数据发往 E2 端口来转发。其他端口以此类推。

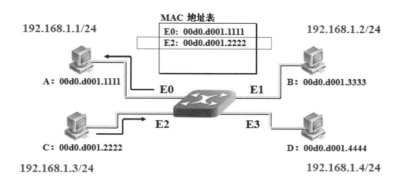

图 1-13   交换机的工作原理(记录 E0 和 E2 端口)

需要注意的是，MAC 表是动态的，当主机更换网卡或者主机移走时，一段时间以后交换机就会把 MAC 中的记录移除，以方便 MAC 表的维护。

2. 虚拟局域网技术(VLAN)

工作中有时会遇到网络不好，重启交换机又好了，一段时间后网络又不好了，又必须重启交换机的情况，其原因有可能是多台交换机工作在同一网段，导致广播风暴致使网络瘫痪。

如果整个网络属于一个网段，那么就只有一个广播域，发出的广播信息会传遍整个网络，主机就会不断地接收广播信息，严重影响网络的质量。因此在设计局域网(LAN)时需有效地分割广播域，解决办法之一是通过交换机划分虚拟局域网(VLAN)。

如图 1-14 所示的网络拓扑中，可使用 VLAN 技术将 1 楼、2 楼、3 楼的部分主机组成逻辑上的局域网，实现办公网络和监控网络的隔离。划分 VLAN 后，当监控网络中出现广播风暴时，受影响的只是监控网络本身，而整个网络由于被分成了多个 VLAN(也就是多个广播域)，其他 VLAN 不会受到广播风暴的影响，最大限度地为网络的安全性提供可靠保障。需要注意的是，VLAN 之间的通信必须使用路由器或三层交换机才能实现。

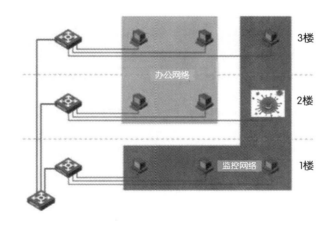

图 1-14   使用 VLAN 技术划分物理网络

3. 交换机的端口类型

要了解 VLAN 的划分与配置，必须先熟悉交换机的端口类型。交换机的端口类型主要有 Access、Trunk、Hybrid 三类，这里主要介绍前两种类型的端口。

Access(接入)端口：接收、发送不带标签的报文，一般与 PC、Server 相连时使用，只属于一个 VLAN。

Trunk(中继)端口：接收、发送带标签的报文，一般用于交换机级联端口传递多组 VLAN 信息时使用，可属于多个 VLAN。

在如图 1-15 所示的拓扑中，SW1 和 SW2 的 1/2/3/4 端口都设置为 Access 类型，分别归属于 VLAN10/VLAN20/VLAN30/VLAN40，而交换机的 5 端口设置为 Trunk 类型，能同时通过 VLAN10/VLAN20/VLAN30/VLAN40。

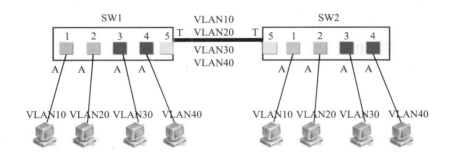

图 1-15　交换机端口类型

✍ **实施步骤**

1. 网络拓扑规划

根据任务需求，简化拓扑结构，规划拓扑如图 1-16 所示。PC 机的 IP 规划如图中所示，4 台 PC 分别被规划到两个 VLAN，即 VLAN10 和 VLAN20。

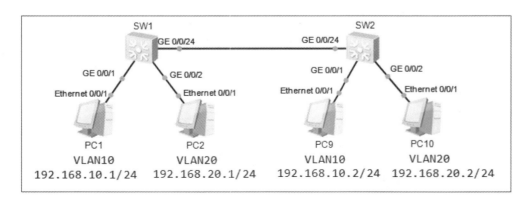

图 1-16　交换机 VLAN 配置拓扑

要求：

(1) 根据拓扑图的要求，在交换机上创建相关 VLAN。

(2) 将 PC 所连接的交换机端口划分给相应的 VLAN。

(3) 在交换机上查看 VLAN 配置。

(4) 配置完成后检验 PC1 与 PC3、PC2 与 PC4 之间的连通性。

2. SW1 和 SW2 的配置

(1) SW1 的配置如下：

第一步：执行以下命令，创建两个 VLAN ID 号 10 和 20。

```
[SW1] vlan batch 10 20
```

第二步：执行以下命令，配置与计算机相连的端口(GE 0/0/1 和 GE 0/0/2)类型为 Access，其中交换机 SW1 的 GE 0/0/1 端口连接 PC1，归属为 VLAN10，GE 0/0/2 端口连接 PC2，归属为 VLAN20。

```
[SW1] interface GigabitEthernet 0/0/1
[SW1-GigabitEthernet0/0/1] port link-type access
[SW1-GigabitEthernet0/0/1] port default vlan 10
[SW1] interface GigabitEthernet 0/0/2
[SW1-GigabitEthernet0/0/2] port link-type access
[SW1-GigabitEthernet0/0/2] port default vlan 20
```

第三步：执行以下命令，配置与 SW2 相连的 GE 0/0/24 端口类型为 Trunk，并放行 VLAN10 及 VLAN20 的流量。

```
[SW1] interface GigabitEthernet 0/0/24
[SW1-GigabitEthernet 0/0/24] port link-type trunk
[SW1-GigabitEthernet 0/0/24] port trunk allow-pass vlan 10 20
```

Trunk 类型的二层链路默认情况下不允许任何 VLAN 通行，因此需使用"port trunk allow-pass vlan"命令在端口上放行所需的 VLAN。

(2) SW2 的配置方法与 SW1 相同，命令如下：

```
[SW2] vlan batch 10 20
[SW2] interface GigabitEthernet 0/0/1
[SW2-GigabitEthernet 0/0/1] port link-type access
[SW2-GigabitEthernet 0/0/1] port default vlan 10
[SW2] interface GigabitEthernet 0/0/2
[SW2-GigabitEthernet 0/0/2] port link-type access
[SW2-GigabitEthernet 0/0/2] port default vlan 20
[SW2-GigabitEthernet 0/0/2]quit
[SW2]interface GigabitEthernet 0/0/24
```

```
[SW2-GigabitEthernet 0/0/24] port link-type trunk
[SW2-GigabitEthernet 0/0/24] port trunk allow-pass vlan 10 20
```

3. 测试与验证

完成上述配置后，执行如下命令：

```
[SW1] dis vlan
```

查看交换机的 VLAN 配置，从图 1-17 可以看到，在 VLAN1、VLAN10、VLAN20 都添加了 GE 0/0/24，因为这个端口已经被配置为 Trunk 模式，可承载多个 VLAN 的流量，并且在配置中放行了 VLAN10、VLAN20 的流量。同时，该端口针对 VLAN10 及 VLAN20 的流量会进行 Tag(TG)，以便这两个 VLAN 的流量在 Trunk 链路上从一端传输到另一端时能够被正常识别。如果两台交换机之间的链路是二层链路，那么这段链路的 link-type 需要配置成 Trunk，并且在默认情况下，该 Trunk 链路不允许任何 VLAN 的流量通过(除了 VLAN1)。因此，如果需要其他流量通过，还要使用 "port trunk allow-pass vlan" 命令将所需的 VLAN 放行。

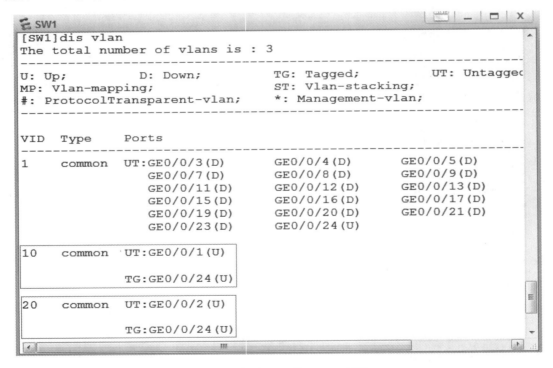

图 1-17　查看 SW1 的 VLAN 配置

注意：在项目实施过程中，Trunk 端口上，如果用户数据没有使用 VLAN1，则需要使用命令 "undo port trunk allow-pass vlan 1" 将 VLAN1 的流量禁止，达到配置规范的目的。

测试结果如图 1-18 所示，VLAN10 内的 PC1 与 PC3 能够互相 ping 通，VLAN20 内的 PC2 与 PC4 能够互相 ping 通。

图 1-18　配置后 PC1 与 PC3 连通性测试

 任务总结

在任务实施时，首先要判断交换机的端口类型是 Access 还是 Trunk，然后确定该端口的归属 VLAN 或放行的 VLAN。另外，在任务实施过程中要及时修改设备名称，配置完成后还要及时保存配置命令。

 任务拓展

完成如图 1-19 所示的 VLAN 配置，IP 规划如图中所示，6 台 PC 机被分别规划到VLAN10、VLAN20 及 VLAN30。

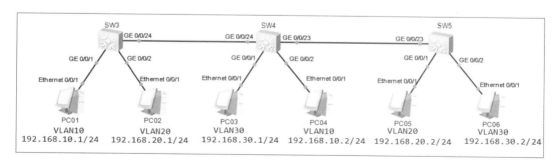

图 1-19　交换机 VLAN 配置拓扑

要求：

(1) 根据拓扑图的要求，在交换机上创建相关 VLAN。

(2) 将 PC 机所连接的交换机端口划分给相应的 VLAN。

(3) 在交换机上查看 VLAN 配置。

(4) 配置完成后检验 PC1 与 PC3、PC2 与 PC4 之间的连通性。

任务3　交换机的链路聚合配置

 任务描述

某服务器间的物理连接如图 1-20 所示，服务器 A、B、C 通过交换机与对端的服务器 D、E、F 通信，现需拓展链路带宽，同时提升服务器间访问的可靠性。完成这一任务，传统的方式是更换更高级别的设备或者更换更高带宽的业务板。

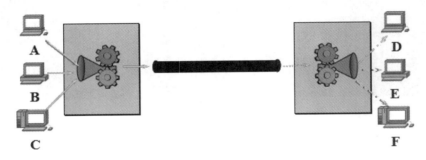

图 1-20　传统的交换机链路

网络工程师诊断后，决定在原设备上配置链路聚合进行改进，即将交换机的多个物理端口绑定成一个逻辑端口。请根据用户配置的端口负荷分担策略，配置交换机的链路聚合，在实现增加链路带宽的同时节约成本，提高网络的安全性和可靠性。

 相关知识

1. 链路聚合的工作原理

将由交换机间的多个物理端口形成的物理链路捆绑在一起，形成一条大带宽的逻辑链路，称为链路聚合(Link-Aggregation)。如图 1-21 所示。捆绑后的逻辑链路在增加了链路传输带宽的同时也可避免二层环路。

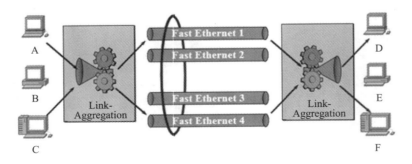

图 1-21　交换机的链路聚合

如果有一条链路断开，如 4 端口之间的链路断开，如图 1-22 所示，流量会自动在其余的 1、2、3 端口共三条链路间进行重新分配，实现链路传输的弹性和冗余，从而增加可靠性。

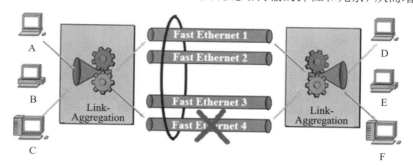

图 1-22 交换机的 4 端口断开时实现冗余

2. 链路聚合的配置方式

(1) 创建 Eth-trunk；

(2) 设置 Eth-trunk 端口属性，一般设置为 Trunk 类型；

(3) 将交换机的端口加入到 Eth-trunk 组中。

实施步骤

1. 网络拓扑规划

根据任务需求，简化拓扑结构，规划拓扑如图 1-23 所示。服务器 PC 的 IP 规划如图 1-23 所示，4 台 PC 分别被规划到两个 VLAN：VLAN10 及 VLAN20。

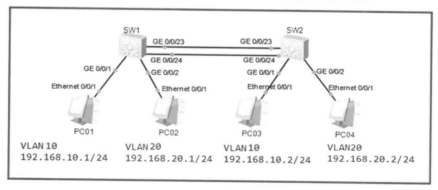

图 1-23 交换机链路聚合配置拓扑

要求：

(1) 根据拓扑图的要求，在交换机上创建相关 VLAN。

(2) 将 PC 机所连接的交换机端口划分给相应的 VLAN。

(3) 在交换机上查看链路聚合的配置。

(4) 配置完成后检验 PC01 与 PC03、PC02 与 PC04 之间的连通性。

2. SW1 和 SW2 的配置

(1) SW1 的配置如下：

第一步：执行以下命令，创建两个 VLAN ID 号 10 和 20。

```
[SW1] vlan batch 10 20
```

第二步：执行以下命令，在交换机 SW1 上创建聚合组 Eth-trunk 1，并配置 Eth-trunk 的端口类型为 Trunk，让其放行 VLAN10 和 VLAN20。

```
[SW1] interface Eth-Trunk 1
[SW1-Eth-Trunk1] port link-type trunk
[SW1-Eth-Trunk1] port trunk allow-pass vlan 10 20
```

需要注意的是，聚合组的组号可以自定义，但同一条链路的组号要一致。

第三步：执行以下命令,配置与 PC 机相连的端口(GE 0/0/1 和 GE 0/0/2)的类型为 Access，其中交换机 SW1 的 GE 0/0/1 端口连接 PC1，归属为 VLAN10，GE 0/0/2 端口连接 PC2，归属为 VLAN20。

```
[SW1] interface GigabitEthernet 0/0/1
[SW1-GigabitEthernet 0/0/1] port link-type access
[SW1-GigabitEthernet 0/0/1] port default vlan 10
[SW1] interface GigabitEthernet 0/0/2
[SW1-GigabitEthernet 0/0/2] port link-type access
[SW1-GigabitEthernet 0/0/2] port default vlan 20
```

第四步：将交换机的 GE 0/0/23 和 GE 0/0/24 端口加入到 Eth-trunk 1 中，将两个物理端口绑定为一个逻辑端口。

```
[SW1] interface GigabitEthernet 0/0/23        # 将端口添加到 Eth-trunk 1
[SW1-GigabitEthernet 0/0/23] eth-trunk 1
[SW1] interface GigabitEthernet 0/0/24        # 将端口添加到 Eth-trunk 1
[SW1-GigabitEthernet 0/0/24] eth-trunk 1
```

到这一步 SW1 的链路聚合配置完成。需要注意的是，Eth-trunk 是逻辑端口，逻辑端口也可以设置端口类型为 Trunk,这样 GE 0/0/23 和 GE 0/0/24 端口就可以绑定为一个端口，同时放行 VLAN10 和 VLAN20。

(2) SW2 的配置方法与 SW1 相同，如下所示：

```
[SW2] vlan batch 10 20
[SW2] interface Eth-Trunk 1        # Eth-trunk1 必须与 SW1 一致
[SW2-Eth-Trunk1] port link-type trunk
[SW2-Eth-Trunk1] port trunk allow-pass vlan 10 20
[SW2] interface GgigabitEthernet 0/0/1
[SW2-GigabitEthernet 0/0/1] port link-type access
[SW2-GigabitEthernet 0/0/1] port default vlan 10
[SW2] interface GigabitEthernet 0/0/2
[SW2-GigabitEthernet 0/0/2] port link-type access
```

[SW2-GigabitEthernet 0/0/2] port default vlan 20

[SW2-GigabitEthernet 0/0/2]quit

[SW2] interface GigabitEthernet 0/0/23　　　# 将端口添加到 Eth-trunk 1

[SW2-GigabitEthernet 0/0/23] eth-trunk 1

[SW2] interface GigabitEthernet 0/0/24　　　# 将端口添加到 Eth-trunk 1

[SW2-GigabitEthernet 0/0/24] eth-trunk 1

3. 测试与验证

完成上述配置后，执行以下命令，查看交换机的 Eth-trunk 配置，如图 1-24 所示。

[SW1] dis eth-trunk 1

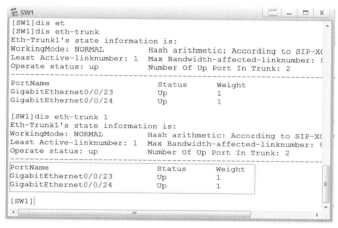

图 1-24　查看 SW1 的 Eth-trunk 配置

从图 1-24 的输出结果可以看到，Eth-trunk 1 这条聚合链路有两个成员端口，分别是 GE0/0/23 及 GE0/0/24，且状态都是 Up。

完成配置后，PC01 与 PC03 的连通性测试如图 1-25 所示。

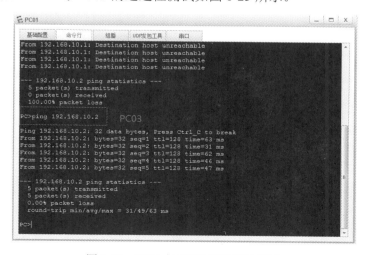

图 1-25　PC01 与 PC03 的连通性测试

同理可测得，VLAN20 内的 PC02 与 PC04 能够互相 ping 通。

进一步测试，将 SW1 的 GE0/0/23 端口断开，如图 1-26 所示，进一步检测链路的状态和连通性。

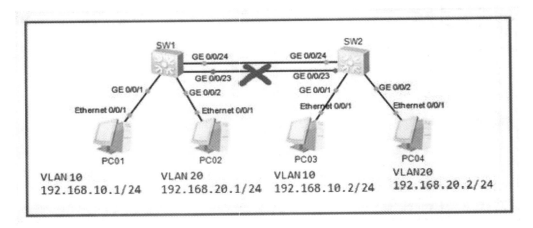

图 1-26　交换机 SW1 的 GE0/0/23 端口断开

继续查看 SW1 的链路聚合状态，结果如图 1-27 所示，大家可思考一下 SW2 的状态如何？

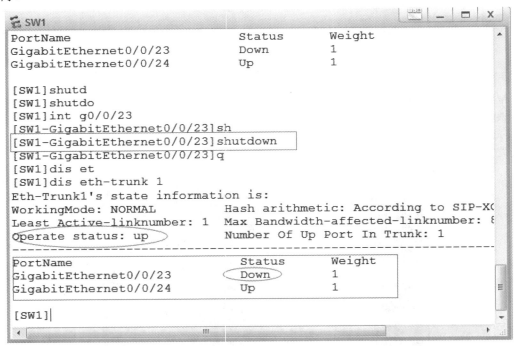

图 1-27　断开后 SW1 的链路聚合状态

从图 1-27 中可以看出，成员 GE0/0/23 端口已经是 Down 状态，但链路显示为 Up 状态。继续测试 PC01 与 PC03 的连通性，如图 1-28 所示。

图 1-28 断开 GE 0/0/23 端口后的连通性测试

从图 1-28 可以看出，断开一个端口，并不会影响链路的连通性，因为链路聚合能够为网络提供冗余，提升网络的可靠性。

 任务总结

在已经熟悉了交换机端口类型的基础上，首先，要注意逻辑端口也能配置端口类型，比较容易出错的是配置过程中忘记将物理端口加入链路聚合组；其次，配置 Eth-trunk 时，要注意同一条链路的 ID 号必须一致。在配置过程中可使用"dis this"命令，查询当前视图下已有哪些配置。

 任务拓展

完成如图 1-29 所示的链路聚合配置，IP 规划按图中所示，6 台 PC 机分别被规划到 VLAN10、VLAN20 及 VLAN30。

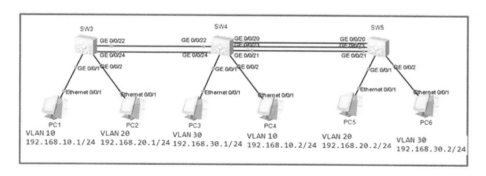

图 1-29 交换机链路配置拓扑

要求：

(1) 根据拓扑图，在交换机上创建相关 VLAN。

(2) 将 PC 机所连接的交换机端口划分给相应的 VLAN。

(3) 在交换机上查看链路聚合的配置。

(4) 配置完成后检验 PC1 与 PC4、PC2 与 PC5、PC3 与 PC6 的连通性。

任务4　交换机的 STP 配置与应用

 任务描述

局域网中常常为了冗余将网络规划为环形拓扑。环形结构虽能提升可靠性，但却会带来广播风暴，如果广播帧无限转发下去，势必导致 CPU 负载过重，最终会使得局域网中的交换机瘫痪。因此，需要一种方法阻塞冗余链路，破除路径环路来解决这个问题。请为交换机配置 STP，使冗余链路能自动切换为转发状态，恢复网络的连通性，提升网络性能。

 相关知识

1. STP 的工作原理

生成树协议(Spanning Tree Protocol，STP)的作用是将环路网络修剪成无环路的树形网络。由 5 个交换机组成的网络如图 1-30 所示，为了提升网络之间的可靠性，交换机之间构成了环形拓扑，任何一段物理链路断开都不会影响网络的通信。但带来的问题是，那些发给所有主机的广播帧永远无法到达目的地，它们会在环路中不断地转发，最终导致网络阻塞。

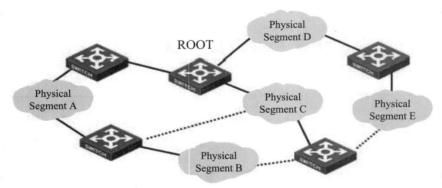

图 1-30　交换机构成的环形拓扑

解决这一问题的办法就是破除环路。网络工程师设想用一种逻辑的方法将物理环路切断，这就是生成树的思想。

图 1-31 中是经 STP 修剪后的树形网络，生成树的树根是一个称为根桥(ROOT)的交换机，由根桥开始，逐级发散形成一棵树，交换机根据端口的配置选出一个端口并把其他端

口阻塞，破除环路，而且一旦当前活动的链路出现故障，就会激活阻塞的端口。

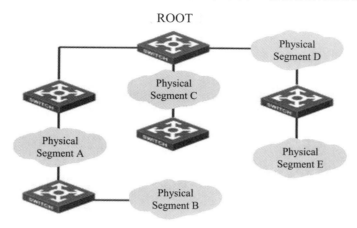

图 1-31 STP 修剪后的树形网络

2. 桥和端口

生成树协议定义了一个数据包，叫作桥协议数据单元(Bridge Protocol Data Unit，BPDU)。网桥用 BPDU 相互通信，并用 BPDU 的相关机能动态选择根桥。生成树的确定首先要选择树根节点，然后确定最短路径，最后阻塞冗余链路。在生成树的选举和计算中，要用到以下几个重要的概念：

(1) 根桥(ROOT)：可以理解为生成树的树根。网络中会选择一个交换机作为根桥，也称之为根交换机。根桥依据桥 ID(BID)进行"选举"，比较后桥 ID 小的选举为根桥，如图 1-32 中 SWA 被选举为根桥。

桥 ID = 桥优先级 + MAC 地址

图 1-32 中，SWA 的桥 ID 为 0.MACA，SWB 的桥 ID 为 8192.MACB，SWC 的桥 ID 为 32768.MACC，比较后得出 SWA 的优先级最小，因此不用比较 MAC 地址，会自动选举 SWA 为根桥。

(2) 指定桥(Designated Bridge)：与根交换机在同一个局域网中，且位于与根交换机的最短路径中，如图 1-32 中 SWB 和 SWC 为指定交换机，也称为指定桥。

(3) 根端口(Root Port)：所有非根交换机都有一个根端口，根端口提供最短路径到根交换机，如图 1-32 中 SWB、SWC 与根交换机相连的端口为根端口。

(4) 指定端口(Designnated Port)：指定交换机与局域网相连的端口，如图 1-32 中 SWB 与 SWC 相连的端口为指定端口，指定端口能转发数据和 BPDU。

(5) 阻塞端口(Alternate Port)：处于阻塞状态的端口，如图 1-32 中 SWC 与 SWB 相连的端口为阻塞端口。阻塞端口只接收 BPDU，不转发。

选举出根桥后，根端口和指定端口如图 1-32 所示，正常时 Y 端口会持续收到 X 端口发出的 BPDU，当 SWB 与 SWA 之间的链路断掉后，X 端口的重要性就突显出来了。X 端口会持续向 Y 端口发送 BPDU，Y 端口一旦意识到可能要成为指定端口或者根端口，就会从非指定端口的 BLOCKING 状态转到 LISTENING 状态，进而可以发送 BPDU(此时还不能发送数据帧)。当 Y 端口变为 LISTENING 状态后，就可以参与指定端口、根端口的"选举"，继而从 BLOCKING→LISTENING→LEARNING→FORWARDING 状态。依据选举过程，SWA 会变为根端口，SWB 会变成指定端口，既阻塞了网络的冗余链路，又破除了交换机的环路。

3. 路径开销(Path Cost)

路径开销用于衡量桥与桥之间路径的优劣。STP 中每条链路都具有开销值，如图 1-33 所示。路径开销等于路径上全部链路开销之和，交换机的链路开销标准如表 1-2 所示。

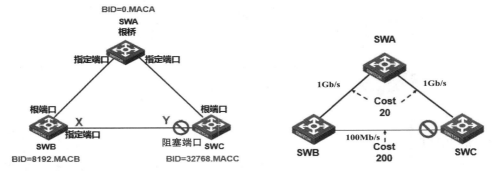

图 1-32　STP 拓扑中交换机的角色　　　　图 1-33　STP 中的路径开销

表 1-2　交换机的链路开销标准

链路速率	双工状态	802.1D—1998	802.1t	私有标准
0	—	65 535	200 000 000	200 000
10 Mb/s	Single Port	100	2 000 000	2000
	Aggregated Link 2 Ports	100	1 000 000	1800
	Aggregated Link 3 Ports	100	666 666	1600
	Aggregated Link 4 Ports	100	500 000	1400
100 Mb/s	Single Port	19	200 000	200
	Aggregated Link 2 Ports	19	100 000	180
	Aggregated Link 3 Ports	19	66 666	160
	Aggregated Link 4 Ports	19	50 000	140
1000 Mb/s	Single Port	4	20 000	20
	Aggregated Link 2 Ports	4	10 000	18
	Aggregated Link 3 Ports	4	6666	16
	Aggregated Link 4 Ports	4	5000	14
10 Gb/s	Single Port	2	2000	2
	Aggregated Link 2 Ports	2	1000	1
	Aggregated Link 3 Ports	2	666	1
	Aggregated Link 4 Ports	2	500	1

由表 1-2 可知，图 1-33 中 1 Gb/s 的端口路径开销为 20，100 Mb/s 的端口路径开销为 200，开销越小，意味着路径越优。

✍ **实施步骤**

1. 网络拓扑规划

根据任务需求，简化拓扑结构，三台交换机组成一个环形拓扑，如图 1-34 所示。

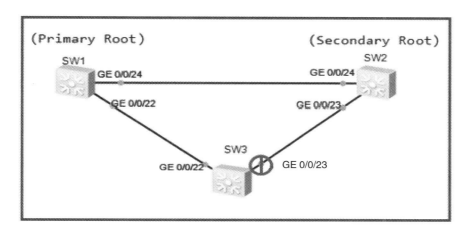

图 1-34 交换机 STP 配置拓扑

要求：

(1) 开启生成树协议(STP)，观察相关现象。

(2) 配置 STP，使得 SW1 为 STP 主根桥(Primary Root)，SW2 为次根桥(Secondary Root)，并且 SW3 的 GE0/0/23 被阻塞。

(3) 在交换机上查看 STP 配置状态。

2. SW1、SW2、SW3 的 STP 配置

执行以下命令，开启交换机的 STP：

```
[SW1 ]stp mode stp
[SW1] stp enable
[SW2] stp mode stp
[SW2] stp enable
[SW3] stp mode stp
[SW3] stp enable
```

在完成上述配置后，STP 开始工作，并开始选举根桥。三台交换机中，STP 桥 ID(桥优先级＋MAC 地址)最小的交换机将成为本交换网络的根桥。三台交换机开启 STP 后的状态如图 1-35、图 1-36 和图 1-37 所示。

　　从图 1-35、图 1-36 和图 1-37 可以看出，三个交换机中，SW1 是根桥，SW2 的 GE 0/0/24 为根端口，SW3 的 GE 0/0/22 为根端口。

　　所有的交换机默认的桥优先级为 32768，最小背板 MAC 的交换机 SW1 成为了网络的根桥，显然带有不可控性。因此，在实际的网络部署中，需要手工指定一台设备为根桥，从而保证生成树计算的稳定性。

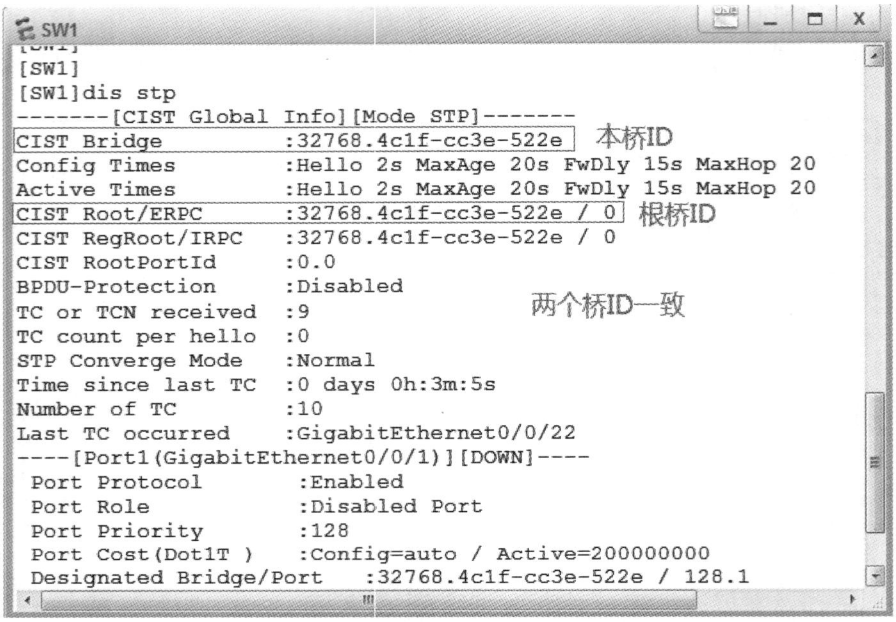

图 1-35　SW1 的 STP 状态

图 1-36　SW2 的 STP 状态

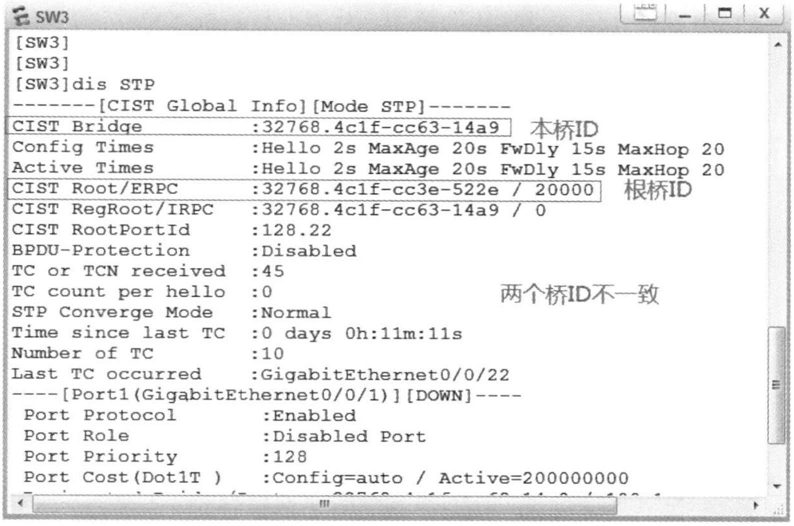

图 1-37　SW3 的 STP 状态

在本任务中，为了保证生成树的稳定性，需手工指定 SW1 为交换网络的主根桥，SW2 为本交换网络的次根桥。一旦检测到 SW1 出现故障，SW2 就替代 SW1 成为网络的根桥。

SW1 上增加配置的命令如下：

[SW1] stp root primary

SW2 上增加配置的命令如下：

[SW2] stp root secondary

3. 测试与验证

完成上述配置后，查看交换机 SW1 的 STP 配置，如图 1-38 所示。

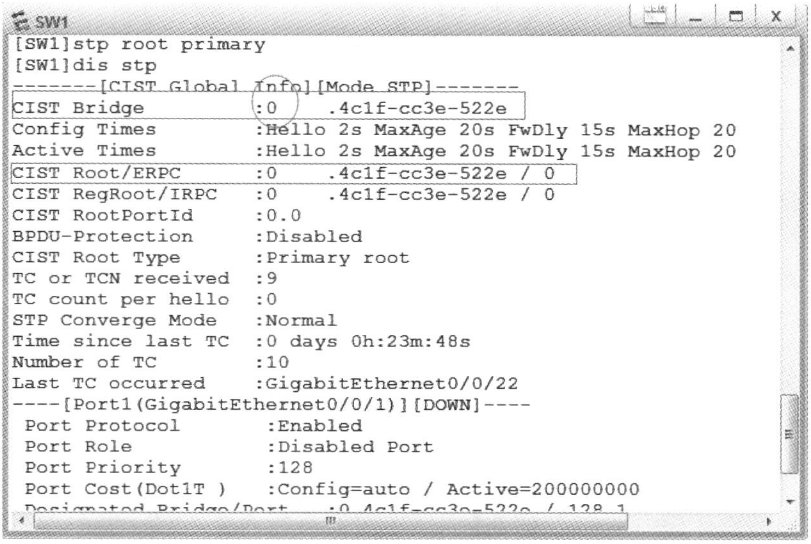

图 1-38　查看 SW1 的 STP 状态

从输出的信息可以得知，本交换机的桥 ID 为 0.4c1f-cc3e-522e，其中，0 为交换机的桥优先级，最小值也是最优的值；4c1f-cc3e-522e 是本机的背板 MAC 地址。而在图 1-38 输出的信息中，根桥的 MAC 也是 4c1f-cc3e-522e，表明本交换机就是网络的根桥。请大家自己查询 SW2 和 SW3 的 STP 状态信息。

然后再查阅 SW1、SW2 和 SW3 的端口状态(display stp brief)，如图 1-39 所示。

图 1-39　交换机配置 STP 后的端口状态

从图 1-39 可以看出，交换机 SW1 的两个端口都为指定端口，SW2 的 GE 0/0/23 为指定端口，GE 0/0/24 为根端口，SW3 的 GE 0/0/22 为根端口。其中，GE 0/0/23 为阻塞端口，因为这个端口到达根桥 SW1 的开销最大。

那么如何看端口的开销呢？执行以下命令，结果如图 1-40 所示。

[SW3]display stp interface GigabitEthernet 0/0/23

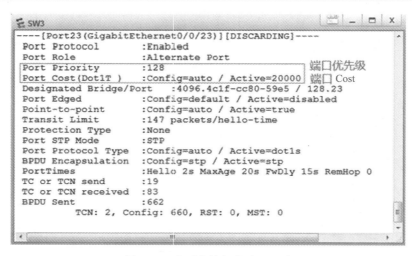

图 1-40　查看交换机的端口开销

如果希望被阻塞的不是 SW3 的 GE 0/0/23 端口，而是 SW2 的 GE 0/0/23 端口，则可将 GE 0/0/22 的端口 Cost 调大，使得这个端口的开销更大。在 SW3 增加配置的命令如下：

[SW3] interface GigabitEthernet 0/0/22
[SW3-GigabitEthernet0/0/22] stp cost 300

查询 SW1、SW2 和 SW3 的端口状态(display stp brief)，如图 1-41 所示。

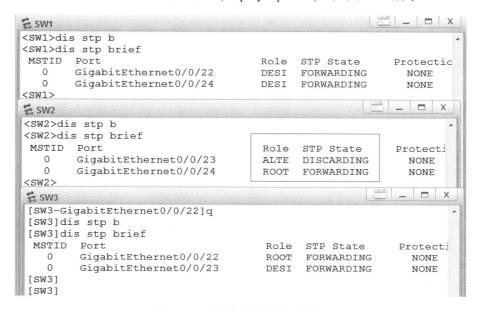

图 1-41 查看交换机的端口状态

假设 SW1 和 SW3 之间的链路断开，如图 1-42 所示，再看交换机的端口状态。在 SW3 增加配置的命令如下：

[SW3-GigabitEthernet0/0/23]int g0/0/22
[SW3-GigabitEthernet0/0/22]shutdown

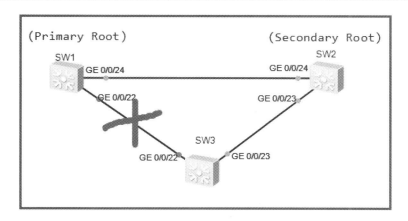

图 1-42 环路中一条链路断开

查阅 SW1、SW2 和 SW3 的端口状态(display stp brief)，如图 1-43 所示。

图 1-43　交换机配置 STP 后的端口状态

从图 1-43 可以看出，GE 0/0/23 端口由阻塞端口转为根端口，可以进行数据转发，从而保证了网络的可靠性。

 任务总结

在任务实施时，启动 STP 后，需要人为判断和指定哪个交换机为根桥，并要验证 STP 是否生效，检验交换机的指定端口、阻塞端口是否正常。

 任务拓展

完成如图 1-44 所示的 STP 配置，4 台交换机组成的拓扑如图中所示。

要求：

(1) 开启生成树协议(STP)，观察相关现象。

(2) 配置 STP，使得 SW4 为 STP 根桥。

(3) 在交换机上查看 STP 配置状态。

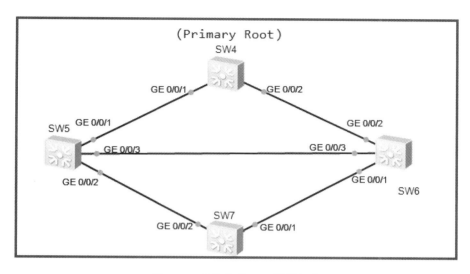

图 1-44　交换机的 STP 配置拓扑

任务5　交换机的 MSTP 配置与应用

 任务描述

局域网中常常为了消除或减少冗余将网络规划为环形拓扑，因为环形结构能提升可靠性。使用 STP 虽然能破除环路，但 STP 收敛慢，且只有一棵树，无法使得 VLAN 间数据流量的负载均衡，浪费带宽。因此，需要找到一种收敛速度快且能实现负载分担的方案。

多生成树协议(Multi-STP，MSTP)收敛快，且在同一局域网拓扑中可以有多颗生成树，能实现不同 VLAN 的选路，且能使得流量的负载均衡。MSTP 兼容 STP 和 RSTP(快速生成树协议)，既可以快速收敛，又能提供数据转发的冗余路径。本任务用 MSTP 搭建交换机网络。

 相关知识

1. MSTP 使用的背景

想象这样的场景：网络拓扑如图 1-45 所示，交换机启用 STP 协议工作，交换机之间的端口 A 为阻塞端口，由端口 B 转发数据；当交换机连接有多个 VLAN 时，数据也都是在 B 端口转发，A 端口闲置，只有在链路故障时 A 端口才进行数据转发。显然这样的网络不能实现负载的均衡。

那么能不能这样设计网络呢：VLAN10 的数据经过交换机时，端口 A 阻塞，流量由 B 端口转发，而 VLAN20 的数据经过交换机时，端口 B 阻塞，流量由 A 端口转发。显然这样可实现流量的分担。MSTP 就是这样工作的。

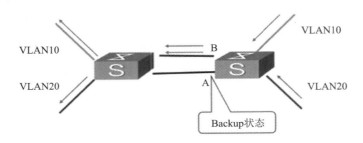

图 1-45　交换机在 STP 协议下工作(多 VLAN)

2. MSTP 的工作原理

MSTP 把一个交换网络划分成多个域，每个域内形成多棵生成树，生成树之间彼此独立。每棵生成树为一个多生成树实例 MSTI，每个域叫作一个 MST 域。MSTP 几个常用的概念如下：

(1) MSTP：多生成树协议(Multiple Spanning Tree Protocol)；

(2) MSTI：多生成树实例(Multiple Spanning Tree Instance)；

(3) MST Region：MST 域(Multiple Spanning Tree Region)。

在运行 MSTP 时，同一个 MST 域的设备必须使用相同的域名，物理上各个交换机之间是环形连接的。通过 MSTP 配置命令，逻辑上可以生成多个生成树，每棵生成树都称为一个 MSTI，MSTI 之间彼此独立，MSTI 可以与一个或者多个 VLAN 对应，比如：

```
[SW1-mst-region] instance 1 vlan 10 20
```

实例 1 可与 VLAN10 和 VLAN20 对应，但一个 VLAN 只能与一个 MSTI 对应。

实施步骤

1. 网络拓扑规划

根据任务需求，三台交换机搭建的环形拓扑如图 1-46 所示。

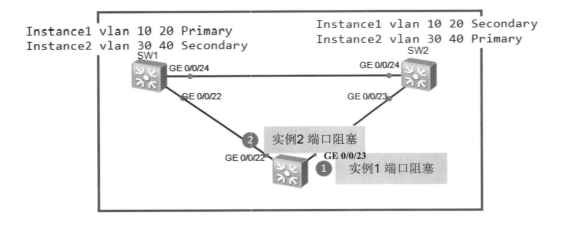

图 1-46　交换机 MSTP 配置拓扑

要求:

(1) 开启交换机的生成树协议(MSTP)。

(2) 将 VLAN10 及 VLAN20 映射到 MSTP 实例 1,VLAN30 及 VLAN40 映射到 MSTP 实例 2。分别针对实例 1 及实例 2 进行优先级配置,使得最终两棵公共与内部生成树 (Commonand Internal Spanning Tree,CIST)阻塞的端口如图 1-46 所示,从而实现 CIST 的负载均衡。

(3) 在交换机上查看 STP 配置状态。

2. 交换机的 MSTP 配置

(1) SW1 的配置。首先为 SW1 配置 4 个 VLAN,并配置交换机的端口类型,让交换机通过所有VLAN。配置通过所有VLAN的命令是 port trunk allow-pass vlan all 或者 port trunk allow-pass vlan 10 20 30 40。设备配置命令如下:

```
[SW1] vlan batch 10 20 30 40
[SW1] interface GigabitEthernet 0/0/24
[SW1-GigabitEthernet 0/0/24] port link-type trunk
[SW1-GigabitEthernet 0/0/24] port trunk allow-pass vlan all
[SW1] interface GigabitEthernet 0/0/22
[SW1-GigabitEthernet 0/0/22] port link-type trunk
[SW1-GigabitEthernet 0/0/22] port trunk allow-pass vlan all
```

接下来把交换机的 MSTP 模式打开,使用以下命令:

```
[SW1] stp mode mstp
```

接下来进入 MSTP 的配置视图,使用如下命令给 MSTP 的域命名,名称可以自定义。

```
[SW1] stp region-configuration
[SW1-mst-region] region-name huawei
```

接下来执行以下命令,把 VLAN10 和 VLAN20 映射到实例 1 中,VLAN30 和 VLAN40 映射到实例 2 中,并激活域让配置生效。

```
[SW1-mst-region] instance 1 vlan 10 20
[SW1-mst-region] instance 2 vlan 30 40
[SW1-mst-region] active region-configuration
[SW1-mst-region] quit
```

接下来配置实例的优先级。SW1 配置为实例 1CIST 的主根、实例 2 的次根。配置实例为主根的命令和次根的命令如下:

```
[SW1] stp instance 1 priority 0          #或 stp instance 1 root primary
[SW1] stp instance 2 priority 4096       #或 stp instance 2 root secondary
[SW1] stp enable                         #激活 STP
```

需要注意的是，优先级为 0 时最高，越小越优先，默认优先级是 32768。本任务优先级为 4096。

(2) SW2 的配置。将 SW2 配置为实例 2CIST 的主根、实例 1 的次根，其他配置与 SW1 相同。SW2 的配置命令如下：

```
[SW2] vlan batch 10 20 30 40
[SW2] interface GigabitEthernet 0/0/24
[SW2-GigabitEthernet 0/0/24] port link-type trunk
[SW2-GigabitEthernet 0/0/24] port trunk allow-pass vlan all
[SW2] interface GigabitEthernet 0/0/23
[SW2-GigabitEthernet 0/0/23] port link-type trunk
[SW2-GigabitEthernet 0/0/23] port trunk allow-pass vlan all
[SW2] stp mode mstp
[SW2] stp region-configuration
[SW2-mst-region] region-name huawei          #命名与 SW1 必须相同
[SW2-mst-region] instance 1 vlan 10 20        #与 SW1 的配置相反
[SW2-mst-region] instance 2 vlan 30 40
[SW2-mst-region] active region-configuration
[SW2-mst-region] quit
[SW2] stp instance 1 priority 4096
[SW2] stp instance 2 priority 0
[SW2] stp enable
```

(3) SW3 的配置。交换机 SW3 不需配置为主根或者次根，其他配置与 SW1 和 SW2 相同。具体的配置命令如下：

```
[SW3] vlan batch 10 20 30 40
[SW3] interface GigabitEthernet 0/0/22
[SW3-GigabitEthernet 0/0/22] port link-type trunk
[SW3-GigabitEthernet 0/0/22] port trunk allow-pass vlan all
[SW3] interface GigabitEthernet 0/0/23
[SW3-GigabitEthernet 0/0/23] port link-type trunk
[SW3-GigabitEthernet 0/0/23] port trunk allow-pass vlan all
[SW3] stp mode mstp
[SW3] stp region-configuration
[SW3-mst-region] region-name huawei          #命名与 SW1、SW2 必须相同
[SW3-mst-region] instance 1 vlan 10 20
[SW3-mst-region] instance 2 vlan 30 40
[SW3-mst-region] active region-configuration
```

[SW3-mst-region] quit

[SW3] stp enable

3. 测试与验证

执行以下命令，查看 SW3 的端口状态，如图 1-47 所示。

[SW3] display stp brief

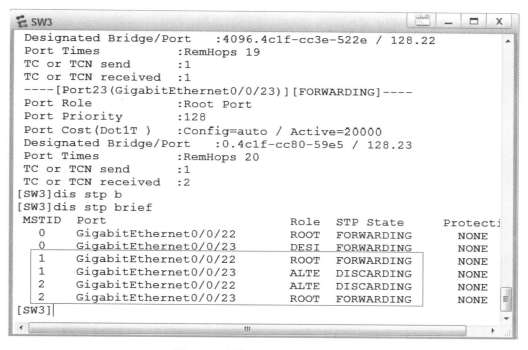

图 1-47　交换机 SW3 的端口状态

从图 1-47 可以看出，当运行实例 1(MSTID 为 1)时，SW3 的 GE 0/0/22 端口为根端口，而 GE 0/0/23 端口为阻塞端口；当运行实例 2 时，SW3 的 GE 0/0/22 端口为阻塞端口，而 GE 0/0/23 端口为根端口。也就是说，实例 1 对应的 VLAN10 和 VLAN20 的数据交换路径和实例 2 对应的 VLAN30 和 VLAN40 的路径不一致，从而保证了交换机负载的均衡，实现了流量的分担。

查看 SW1 和 SW2 的端口状态，如图 1-48 所示。运行实例 1 时，SW1 为根桥，SW2 的 GE 0/0/24 端口为根端口。运行实例 2 时，SW2 为根桥，SW1 的 GE 0/0/24 端口为根端口。SW1 和 SW2 的配置命令如下：

[SW1] stp instance 1 priority 0

[SW1] stp instance 2 priority 4096

[SW2] stp instance 1 priority 4096

[SW2] stp instance 2 priority 0

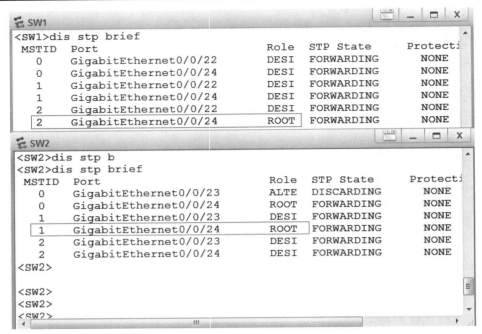

图 1-48　SW1 和 SW2 的端口状态

 任务总结

相对于 STP 来说，MSTP 具有收敛快且能进行流量分担的优势。在配置 MSTP 时，需要理清思路，首先配置好 VLAN 及端口类型，其次配置好 MSTP 的域名和实例并激活，最后配置 MSTP 的优先级(非根桥不需要配置)，确定主根和次根，并让配置生效。

 任务拓展

完成如图 1-49 所示的 MSTP 配置，4 台交换机组成的拓扑如图中所示。

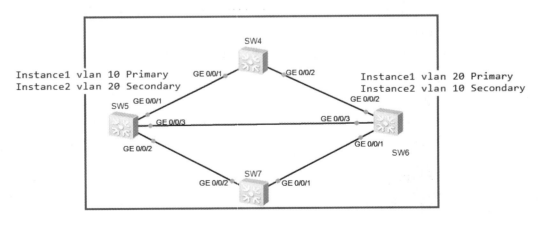

图 1-49　交换机 MSTP 配置拓扑

要求：

(1) 开启交换机的 MSTP。

(2) 将 VLAN10 映射到 MSTP 实例 1，VLAN20 映射到 MSTP 实例 2，分别针对实例 1 及实例 2 进行优先级的配置，从而实现 CIST 的负载均衡。

(3) 在交换机上查看并验证 MSTP 配置状态。

项目二　路由技术与应用

所谓路由(routing)，是指通过互联的网络把信息从源地点移动到目标地点的活动。路由过程中信息通常会经过一个或多个中间节点，而在信息交换过程中，信息也会经过一个或多个中间节点。但路由过程是基于开放式通信系统互联参考模型(OSI 模型)的数据链路层协议实现的，即路由发生在网络层(第三层)，这就决定了实现路由和交换的过程需要使用不同的控制信息。为了帮助广大学习者理解和应用路由技术，本项目将路由技术与应用分为 8 个任务，具体如下：

任务 1　静态路由配置与应用。

任务 2　路由信息协议(RIP)的配置。

任务 3　华为路由器单区域 OSPF 协议的配置。

任务 4　华为设备多区域 OSPF 路由的配置。

任务 5　华为设备 ISIS 路由的配置。

任务 6　华为设备 OSPF 与 RIP 路由重发布配置。

任务 7　BGP 的基础配置。

任务 8　基于 ISIS 协议的 BGP 配置。

任务 1　静态路由配置与应用

 任务描述

某企业为实现内部资源的共享，考虑到公司规模较大，不适合采用二层交换技术组网，于是购买了 4 台路由器实现不同网段之间的通信。网络工程师对公司的实际情况进行分析的结果如下：

(1) 公司组网目的是实现内部资源共享，需要增强网络安全及保密性。

(2) 公司共有路由器 4 台，数量不多且网络拓扑基本固定，更适合采用静态路由。

因此，网络工程师决定配置静态路由实现网络互通，因为静态路由拓扑固定，可由管理员手动添加，路径唯一且能高效通信。

相关知识

1. 路由器的作用

路由器的核心作用是实现网络互联和数据转发。路由器工作时需要建立和更新路由表。路由器互联的是不同网段，因此能隔离广播和快速转发分组数据。

网络规模不同，路由器的应用也有所区别。主干网上的路由器必须掌握到达所有下层网络的路径，因此不仅要维护庞大的路由表，还要根据网络拓扑的变化及时调整和更新路由表；地区网上的路由器的主要作用是网络连接和路由选择，即连接下层各个基层网络单位，同时负责下层网络之间的数据转发；园区网内部路由器的主要作用是分隔子网。

2. 路由表

路由器为执行数据转发路径选择所需要的信息被包含在路由器的一个表项中，这个表称为"路由表"。当路由器检查到数据包的目的 IP 地址时，它就可以根据路由表的内容决定数据包应该转发到哪个下一跳地址上去。路由表通常被存放在路由器的 RAM 上。

路由表主要由以下信息构成：

(1) 目的网络地址(Dest)/掩码(Mask)。

(2) 协议(Protocol)：主要有静态、OSPF、RIP、ISIS 协议。

(3) 路由优先级(pre)：优先级高(数值小)将成为当前的最优路由。

(4) 路由开销(cost)。

(5) 路由信息状态标志位(Flags)：

    D：直连路由；

    R：路由是否已放到路由表中。

(6) 下一跳地址(NextHop)。

(7) 发送的物理端口(interface)。

配置静态路由只需给出目的地址和掩码及下一跳地址即可，命令如下，结果如图 2-1 所示。

```
[Huawei]ip route-static 192.168.2.0 255.255.255.0 192.168.12.2
```

```
R1                                                               _ □ X
[Huawei]dis ip routing-table
Route Flags: R - relay, D - download to fib
------------------------------------------------------------------
Routing Tables: Public
         Destinations : 8        Routes : 8

Destination/Mask    Proto   Pre  Cost      Flags NextHop          Interface
      127.0.0.0/8   Direct  0    0          D    127.0.0.1        InLoopBack0
      127.0.0.1/32  Direct  0    0          D    127.0.0.1        InLoopBack0
     192.168.1.0/24 Direct  0    0          D    192.168.1.254    GigabitEthernet
0/0/1
   192.168.1.254/32 Direct  0    0          D    127.0.0.1        GigabitEthernet
0/0/1
     192.168.2.0/24 Static  60   0          RD   192.168.12.2     GigabitEthernet
0/0/0
    192.168.12.0/24 Direct  0    0          D    192.168.12.1     GigabitEthernet
0/0/0
   192.168.12.1/32  Direct  0    0          D    127.0.0.1        GigabitEthernet
0/0/0
    192.168.23.0/24 Static  60   0          RD   192.168.12.2     GigabitEthernet
0/0/0
```

图 2-1 路由表示例

如图 2-1 所示,192.168.2.0/24 为目的网络地址和掩码,Static 标识此路由为静态路由,优先级为 60,路径开销为 0,下一跳地址为 192.168.12.2,这条路由发送的物理端口为 GE 0/0/0。

3. 缺省路由

缺省路由是一个路由表条目,用来转发在路由表中找不到明确路由条目的数据包。它可以是管理员设定的静态路由,也可以是动态路由协议自动产生的,其优点是能极大减少路由表条目,缺点是由于不正确配置可能导致路由环路或非最佳路由。

缺省路由的配置命令如下:

```
[Huawei]ip route-static 0.0.0.0 0.0.0.0 192.168.12.2
```

缺省路由的目的地址(0.0.0.0)和掩码(0.0.0.0)代表任何目的网络,都从 192.168.12.2 对应的端口转发,边缘路由器适合配置默认路由。

实施步骤

1. 网络拓扑规划

在路由器上配置静态路由协议,规划拓扑如图 2-2 所示,PC 机的 IP 地址规划如图 2-2 所示。

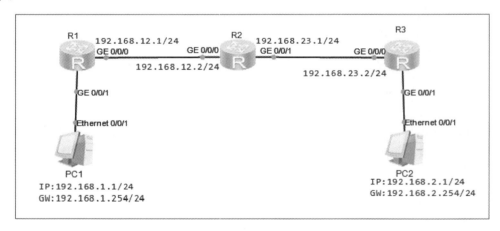

图 2-2   静态路由配置拓扑

要求:

(1) 根据配置拓扑图,完成路由器的端口 IP 地址配置。

(2) 在路由器上配置静态路由协议。

(3) 查看路由表。

(4) 检验 PC1 与 PC2 之间的连通性。

2. 路由器的配置

第一步:为 R1、R2、R3 配置端口 IP 地址。

R1 的端口地址配置命令如下:

```
[R1] interface GigabitEthernet 0/0/0
[R1-GigabitEthernet 0/0/0] ip address 192.168.12.1 24
[R1] interface GigabitEthernet 0/0/1
[R1-GigabitEthernet 0/0/1] ip address 192.168.1.254 24
```

R2 的端口地址配置命令如下：

```
[R2] interface GigabitEthernet 0/0/0
[R2-GigabitEthernet 0/0/0] ip address 192.168.12.2 24
[R2] interface GigabitEthernet 0/0/1
[R2-GigabitEthernet 0/0/1] ip address 192.168.23.1 24
```

R3 的端口地址配置命令如下：

```
[R3] interface GigabitEthernet 0/0/0
[R3-GigabitEthernet 0/0/0] ip address 192.168.23.2 24
[R3] interface GigabitEthernet 0/0/1
[R3-GigabitEthernet 0/0/1] ip address 192.168.2.254 24
```

第二步：静态路由的配置。

对于 PC1 来说，要 ping 通 PC2，需要在 R1 上配置一条去往 192.168.2.0/24 的静态路由，其下一跳地址是 R2 的 GE 0/0/0 端口的 IP 地址。

R1 的配置命令如下：

```
[R1] ip route-static 192.168.2.0 24 192.168.12.2
[R1] ip route-static 192.168.23.0 24 192.168.12.2
```

对于 PC2 来说，要 ping 通 PC1，需要在 R3 上配置一条去往 192.168.1.0/24 的静态路由，其下一跳地址是 R2 的 GE 0/0/1 端口的 IP 地址。

R3 的配置命令如下：

```
[R3] ip route-static 192.168.1.0 24 192.168.23.1
[R3] ip route-static 192.168.12.0 24 192.168.23.1
```

至此，R1 和 R3 都有明确的数据转发路径，但当数据进入 R2 后，R2 的转发并不清晰，因此需要在 R2 上要做明确的区分。去往 192.168.1.0/24 网段的数据，往 R1 的 GE 0/0/0 端口转发，去往 192.168.2.0/24 网段的数据，往 R3 的 GE 0/0/0 端口转发，按照这个思路来配置 R2 的静态路由。

R2 的配置命令如下：

```
[R2] ip route-static 192.168.1.0 24 192.168.12.1
[R2] ip route-static 192.168.2.0 24 192.168.23.2
```

3. 测试与验证

完成上述配置后，使用以下命令查看路由器的整张 IP 路由表。查看路由器 R1 的路由表如图 2-3 所示。

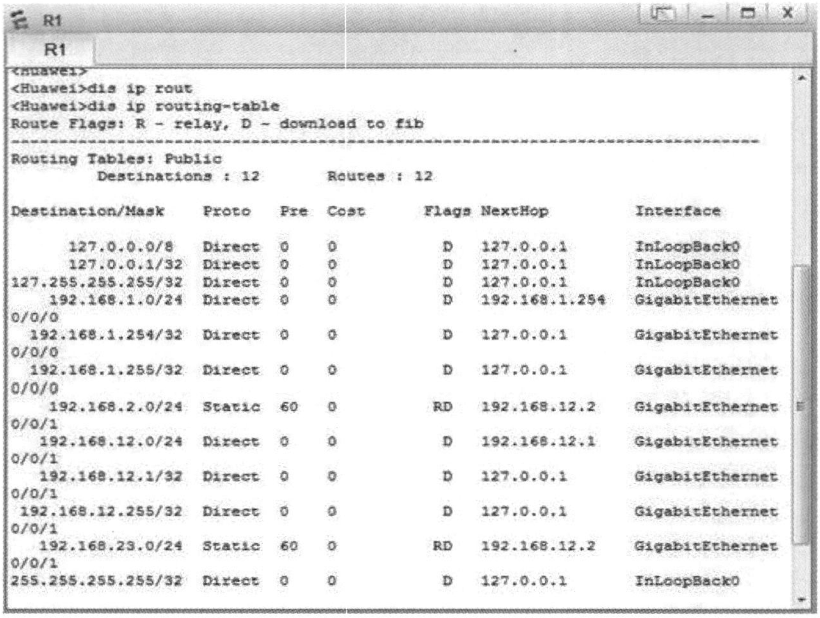

[R1]display ip routing-table

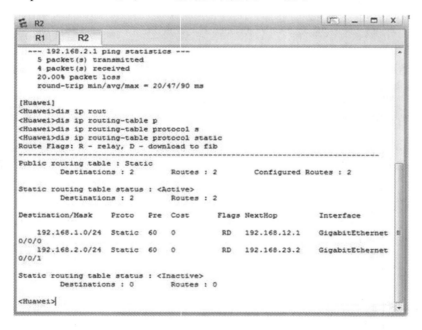

图 2-3　查看 R1 的路由表

　　路由表中 Proto 标记为 Static，是一条静态路由。如果只看静态路由，可以使用 display ip routing-table protocol static 命令。R2 的路由表如图 2-4 所示。

图 2-4　查看 R2 的路由表

图 2-4 所示的路由表中只显示了两条 Proto 标记为 Static 的路由，如果使用了其他的路由协议如 OSPF(Open Shortest Path First)协议，输入命令"display ip routing-table protocol ospf"即可显示。

 任务总结

在静态路由的配置过程中，首先要能清晰地判断路由器的目的网段和掩码。通常 24 位的掩码容易判断，如果出现了 27 或 28 位的掩码，配置 OSPF 协议时就需要计算；其次要准确识别目的网段对应的下一跳 IP 地址，如果判断错误，目的地址不可达。查看路由表只是检验静态路由配置是否正确，理论上应该掌握路由信息条目数。

 任务拓展

如图 2-5 所示，在路由器上配置静态路由协议，IP 规划如图中所示，配置完成后能实现 PC3 和 PC4 的互通。

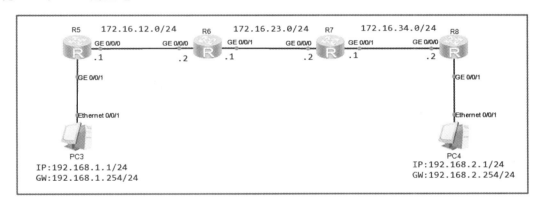

图 2-5　静态路由配置拓扑

要求：

(1) 根据拓扑图，完成路由器的端口 IP 地址配置。

(2) 在路由器上配置静态路由协议。

(3) 查看和分析 R5、R6、R7、R8 的路由表。

(4) 检验 PC3 与 PC4 之间的互通性。

任务 2　路由信息协议(RIP)的配置

 任务描述

某大型企业已有 12 台路由器，需要组建内部网络来实现资源共享。考虑到公司规模较大，不适合采用静态路由组网。网络工程师对公司的实际情况进行了以下分析：

(1) 路由跳数较多，不适合使用静态路由协议组网，应选用动态路由协议组网。

(2) RIP 可支持 15 跳以内的网络，公司路由器共有 12 台，数量不多且网络拓扑基本固定。

(3) OSPF 协议配置相对复杂，需要公司网络管理员具有较高的网络知识水平才能配置和管理 OSPF 网络；另外，OSPF 路由负载均衡能力较弱。

基于以上分析，请采用 RIP 来完成该企业网络的部署。

 相关知识

1. RIP 介绍

路由信息协议(Routing Information Protocol，RIP)是一个内部网关协议(IGP)，是用于自治系统(AS)内路由信息传递的动态路由协议。RIP 基于距离矢量算法(Distance Vector Algorithms)，使用"跳数"(metric)来衡量到达目标地址的路由距离。采用 RIP 协议的路由器只与相邻的路由器交换信息。华为定义的管理距离(AD，即优先级)是 100，思科定义的则是 120。

跳数是 RIP 中用于表示目的网络远近的唯一参数，即到达目的网络所要经过路由器的个数。在 RIP 中，该参数被限制为最大 15，也就是说 RIP 路由信息最多能传递至第 16 个路由器。

RIP 路由收敛较慢，每 30 s 将整张路由表作为路由信息广播至网络中，且不支持变长子网屏蔽码(VLSM)，因此 RIP 不适用于大型网络。采用变长子网屏蔽码可以最大限度节约 IP 地址，而 OSPF 协议对 VLSM 有良好的支持性。

2. RIP 配置方法

RIP 主机之间交流的路由信息存储在路由表中，路由表将保留一项可达目的地信息，每个目的地表项是到达该目的地的最小开销的路由。华为设备的 RIP 配置方法如下：

(1) 启用 RIP，自定义进程号，比如 rip 1。

(2) 确定 RIP 的版本号，本书指定为版本 2，比如 version 2。

(3) 在路由器的端口上激活 RIP，比如 network 192.168.12.0。

在配置 RIP 时，只需关注路由器自身设备的网段并对外公布，不需要写明目的地址和下一跳等路由信息，这些信息可通过 RIP 学习到并记录在路由表中。需要注意的是，配置 RIP 时，不需要配置子网掩码，因为 RIP 不支持变长子网屏蔽码，只能识别默认子网掩码对应的网段，比如路由器的两个网段分别是 172.16.10.0/24 和 172.16.20.0/24，在接口上激活 RIP 时，因两个网段都属于 B 类地址，其默认掩码为 255.255.0.0，所以只需一条配置命令 network 172.16.0.0 即可。

实施步骤

1. 网络拓扑规划

在路由器上配置 RIP，规划拓扑如图 2-6 所示，PC 机的 IP 地址规划如图中所示。

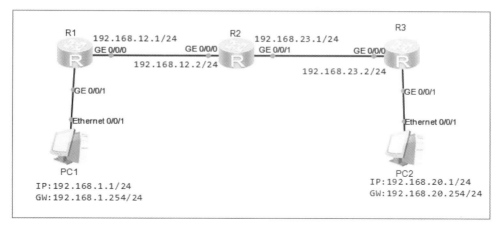

图 2-6　RIP 路由配置拓扑

要求：

(1) 根据配置拓扑图，完成路由器的端口 IP 地址配置。

(2) 在路由器上配置 RIPv2 路由协议。

(3) 查看路由表。

(4) 检验 PC1 与 PC2 之间的连通性。

2. 路由器的 RIP 配置

第一步：为 R1、R2、R3 配置端口 IP 地址。

R1 的端口地址配置命令如下：

```
[R1] interface GigabitEthernet 0/0/0
[R1-GigabitEthernet 0/0/0] ip address 192.168.12.1 24
[R1] interface GigabitEthernet 0/0/1
[R1-GigabitEthernet 0/0/1] ip address 192.168.1.254 24
```

R2 的端口地址配置命令如下：

```
[R2] interface GigabitEthernet 0/0/0
[R2-GigabitEthernet 0/0/0] ip address 192.168.12.2 24
[R2] interface GigabitEthernet 0/0/1
[R2-GigabitEthernet 0/0/1] ip address 192.168.23.1 24
```

R3 的端口地址配置命令如下：

```
[R3] interface GigabitEthernet 0/0/0
[R3-GigabitEthernet 0/0/0] ip address 192.168.23.2 24
[R3] interface GigabitEthernet 0/0/1
[R3-GigabitEthernet 0/0/1] ip address 192.168.20.254 24
```

第二步：RIP 的配置。

对 RIP 的配置只需公布路由器的直连网段。由分析可知，R1 的直连网段是
192.168.1.0/24 和 192.168.12.0/24。R1 的配置命令如下：

```
[R1] rip 1                           #启用 RIP，进程号为 1
[R1-rip-1] version 2                 #指定 RIP 的版本为版本 2
[R1-rip-1] network 192.168.12.0      #在 GE 0/0/0 口上激活 RIP
[R1-rip-1] network 192.168.1.0       #在 GE 0/0/1 口上激活 RIP
```

同理，R2 的配置命令如下：

```
[R2] rip 1
[R2-rip-1] version 2
[R2-rip-1] network 192.168.12.0
[R2-rip-1] network 192.168.23.0
```

同理，R3 的配置命令如下：

```
[R3] rip 1
[R3-rip-1] version 2
[R3-rip-1] network 192.168.20.0
[R3-rip-1] network 192.168.23.0
```

需要注意的是，C 类地址的默认掩码是 255.255.255.0，因此需在每个端口对应的网段上都要激活 RIP。

3. 测试与验证

完成上述配置后，就可以分析得出 R1 的直连网段为 192.168.1.0/24 和 192.168.12.0/24，非直连网段为 192.168.23.0/24 和 192.168.20.0/24，因此可以推定 R1 应该有两条 RIP 的路由记录，目的地址分别是 192.168.23.0/24 和 192.168.20.0/24。同样可以分析得出 R2 和 R3 也各有两条 RIP 的路由记录，如果少于 2 条则是配置有误。

可以使用命令 display ip routing-table 查看路由器的整张 IP 路由表，查看路由器 R1 的路由表如图 2-7 所示。

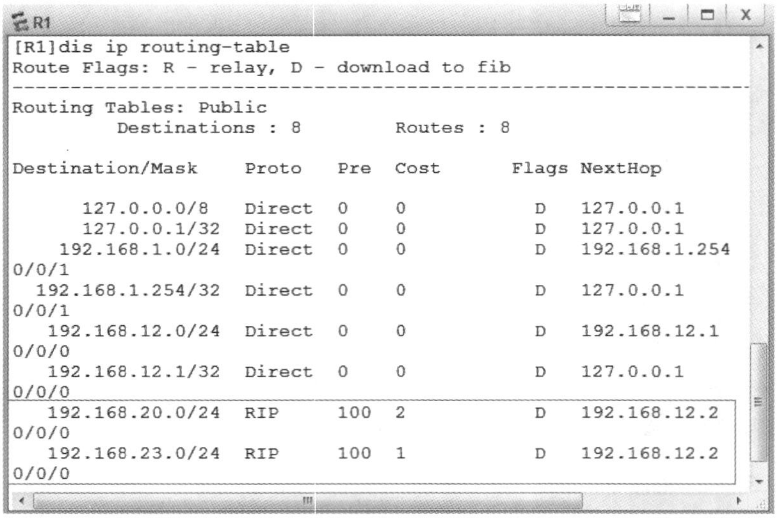


```
[R1]dis ip routing-table
Route Flags: R - relay, D - download to fib
------------------------------------------------------------------------------
Routing Tables: Public
         Destinations : 8        Routes : 8

Destination/Mask    Proto   Pre  Cost      Flags NextHop

      127.0.0.0/8   Direct  0    0           D   127.0.0.1
      127.0.0.1/32  Direct  0    0           D   127.0.0.1
    192.168.1.0/24  Direct  0    0           D   192.168.1.254
0/0/1
  192.168.1.254/32  Direct  0    0           D   127.0.0.1
0/0/1
   192.168.12.0/24  Direct  0    0           D   192.168.12.1
0/0/0
   192.168.12.1/32  Direct  0    0           D   127.0.0.1
0/0/0
   192.168.20.0/24  RIP     100  2           D   192.168.12.2
0/0/0
   192.168.23.0/24  RIP     100  1           D   192.168.12.2
0/0/0
```

图 2-7　查看 R1 的路由表

在图 2-7 所示的路由表中，Protocol 标记为 RIP，如果只看 RIP 的路由，可以使用"display ip routing-table protocol rip"命令。R2 的路由表如图 2-8 所示。

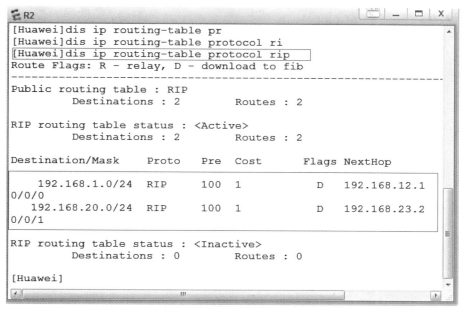

图 2-8　查看 R2 的路由表

R3 的路由表如图 2-9 所示。

图 2-9　查看 R3 的路由表

从图 2-7～图 2-9 可知，R1、R2、R3 分别有两条 RIP 路由记录，由此可得路由器之间的网络全部打通，接下来测试 PC1 和 PC2 的连通性，测试结果如图 2-10 所示。

图 2-10　测试 PC1 与 PC2 的连通性

 任务总结

　　在 RIP 的配置过程中，激活端口网段时，要注意结合子网掩码激活网段，比如端口地址为 172.16.20.6/24，因其默认掩码为 255.255.0.0，因此可输入"network 172.16.0.0"，如果输入"172.16.20.0"则激活失败。

 任务拓展

　　完成如图 2-11 所示的路由器配置 RIP 路由协议，IP 规划如图中所示，配置完成后能实现 PC3 和 PC4 的互通。

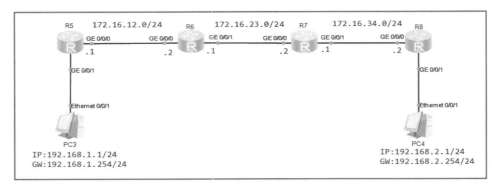

图 2-11　RIP 路由配置拓扑

要求:

(1) 根据配置拓扑图,完成路由器的端口 IP 地址配置。

(2) 在路由器上配置 RIP 路由协议。

(3) 查看和分析 R5、R6、R7、R8 的路由表。

(4) 检验 PC3 与 PC4 之间的连通性。

任务3 华为路由器单区域 OSPF 协议的配置

 任务描述

某大型企业已有 20 台路由器,需要组建内部网络实现资源共享。考虑公司规模较大,不适合采用静态路由组网,网络工程师对公司的实际情况进行了分析,分析结果如下:

(1) 路由跳数较多,不适合使用静态路由组网,适合选用动态路由协议。

(2) RIP 可支持 15 跳以内的网络,公司路由器共有 20 台,不宜选用 RIP 组网。

(3) OSPF 协议配置相对复杂,但只要公司网络管理员具有一定的网络知识水平即可配置和管理 OSPF 网络。

基于以上分析,请采用 OSPF 协议完成该公司内部组网(单区域)。

 相关知识

1. OSPF 协议介绍

开放式最短路径优先(OSPF)协议是一种链路状态(Link-state)的路由协议,一般用于同一个路由域内。路由域是指一个自治系统 AS(Autonomous System),是通过统一的路由政策或路由协议互相交换路由信息的网络。在 AS 中的所有采用 OSPF 协议的路由器都维护一个相同的数据库,该数据库中存放的是路由域中相应链路的状态信息。采用 OSPF 协议的路由器通过数据库计算出 OSPF 路由表。

2. OSPF 的骨干区域

在 OSPF 路由协议中存在一个骨干区域(Backbone),骨干区域必须是连续的,同时也要求其他区域必须与骨干区域直接相连。骨干区域一般为区域 0,其主要工作是在其他区域间传递路由信息。所有的区域,包括骨干区域之间的网络结构是互不可见的,当一个区域的路由信息对外广播时,其路由信息先传递至区域 0(骨干区域),再由区域 0 将该路由信息向其他区域广播。

3. OSPF 协议的配置方式

采用 OSPF 协议的路由器之间交流的路由信息存储在路由表中。华为设备的 OSPF 协议配置方法如下:

(1) 启用 OSPF 协议,自定义进程号,比如 OSPF 1。

(2) 指定 OSPF 的区域,单区域为骨干区域 0,比如 area 0。

(3) 在路由器的端口公布网段和反掩码，比如 network 192.168.12.0 0.0.0.255。

配置 OSPF 协议时，需要配置反掩码，因为 OSPF 协议支持变长子网屏蔽码。比如路由器的两个网段分别是 172.16.10.0/24 和 172.16.20.0/24，虽然两个网段都属于 B 类地址，但其掩码为 24 位，即 255.255.255.0，所以配置时要分别公布两个网段：

network 172.16.10.0 0.0.0.255

network 172.16.20.0 0.0.0.255

必须严格按照子网掩码的位数，确定反掩码，反掩码如果写错可导致路由配置失败，网络不通。下面以 172.16.10.0 为例，给出配置 OSPF 路由时常用的反掩码，如表 2-1 所示。

表 2-1　配置 OSPF 时常用的反掩码

目的网段	子网掩码	配置命令
172.16.10.0/24	255.255.255.0	network 172.16.10.0 0.0.0.255
172.16.10.0/25	255.255.255.128	network 172.16.10.0 0.0.0.127
172.16.10.0/26	255.255.255.192	network 172.16.10.0 0.0.0.63
172.16.10.0/27	255.255.255.224	network 172.16.10.0 0.0.0.31
172.16.10.0/28	255.255.255.240	network 172.16.10.0 0.0.0.15
172.16.10.0/29	255.255.255.248	network 172.16.10.0 0.0.0.7
172.16.10.0/30	255.255.255.252	network 172.16.10.0 0.0.0.3

在设备对接时，常用到 30 位的子网掩码，此时的反掩码为 0.0.0.3，请大家要特别留意。

实施步骤

1. 网络拓扑规划

在路由器上配置 OSPF 协议，规划拓扑如图 2-12 所示，PC 机的 IP 地址规划如图中所示。

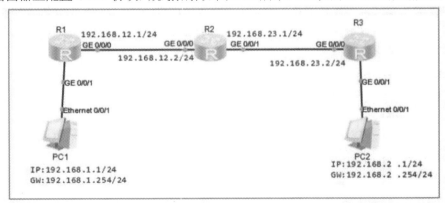

图 2-12　OSPF 路由配置拓扑

要求：

(1) 根据配置拓扑图，完成路由器的端口 IP 地址配置。

(2) 在路由器上配置 OSPF 协议。

(3) 查看路由表。

(4) 检验 PC1 与 PC2 之间的连通性。

2. 路由器的 OSPF 协议配置

第一步：为 R1、R2、R3 配置端口 IP 地址。

R1 的端口地址配置命令如下：

```
[R1] interface GigabitEthernet 0/0/0
[R1-GigabitEthernet 0/0/0] ip address 192.168.12.1 24
[R1] interface GigabitEthernet 0/0/1
[R1-GigabitEthernet 0/0/1] ip address 192.168.1.254 24
```

R2 的端口地址配置命令如下：

```
[R2] interface GigabitEthernet 0/0/0
[R2-GigabitEthernet 0/0/0] ip address 192.168.12.2 24
[R2] interface GigabitEthernet 0/0/1
[R2-GigabitEthernet 0/0/1] ip address 192.168.23.1 24
```

R3 的端口地址配置命令如下：

```
[R3] interface GigabitEthernet 0/0/0
[R3-GigabitEthernet 0/0/0] ip address 192.168.23.2 24
[R3] interface GigabitEthernet 0/0/1
[R3-GigabitEthernet 0/0/1] ip address 192.168.2.254 24
```

第二步：OSPF 协议的配置。

对于单区域 OSPF 协议的配置，必须配置骨干区域 0，其他的配置和配置 RIP 协议一致，只需公布路由器的直连网段。由分析可知，R1 的直连网段是 192.168.1.0/24 和 192.168.12.0/24，因此 R1 的配置命令如下：

```
[R1] ospf 1 router-id 1.1.1.1          #启用 OSPF 协议，进程号为 1，router-id 通常为 LoopBack 地址
[R1-ospf-1] area 0                      #设置骨干区域 0
[R1-ospf-1-area-0.0.0.0] network 192.168.12.0 0.0.0.255   #公布网段及反掩码
[R1-ospf-1-area-0.0.0.0] network 192.168.1.0 0.0.0.255    #公布网段及反掩码
```

同理，R2 的配置命令如下：

```
[R2] ospf 1 router-id 2.2.2.2
[R2-ospf-1] area 0
[R2-ospf-1-area-0.0.0.0] network 192.168.12.0 0.0.0.255
[R2-ospf-1-area-0.0.0.0] network 192.168.23.0 0.0.0.255
```

同理，R3 的配置命令如下：

```
[R3] ospf 1 router-id 3.3.3.3
[R3-ospf-1] area 0
[R3-ospf-1-area-0.0.0.0] network 192.168.2.0 0.0.0.255
```

[R3-ospf-1-area-0.0.0.0] network 192.168.23.0 0.0.0.255

配置过程中，路由器会启用 OSPF 协议自动学习路由并记录在路由表中。

3. 测试与验证

完成上述配置后，就可以分析出 R1 的直连网段为 192.168.1.0/24 和 192.168.12.0/24，非直连网段为 192.168.23.0/24 和 192.168.20.0/24，因此可以推定 R1 应该有两条 OSPF 协议的路由记录，目的地址分别是 192.168.23.0/24 和 192.168.20.0/24。同样，可以分析得出 R2 和 R3 也都各有两条 OSPF 协议的路由记录，如果少于 2 条则是配置有误。

可以使用命令"display ip routing-table"查看路由器的整张 IP 路由表。查看路由器 R1 的路由表如图 2-13 所示。

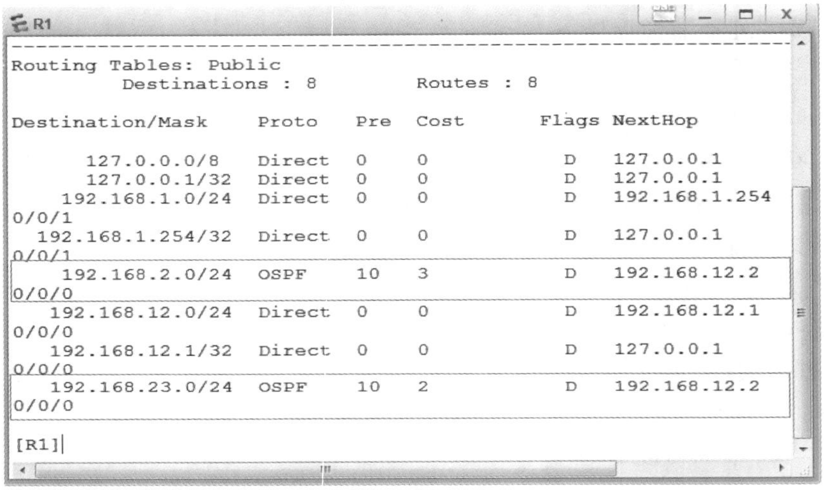

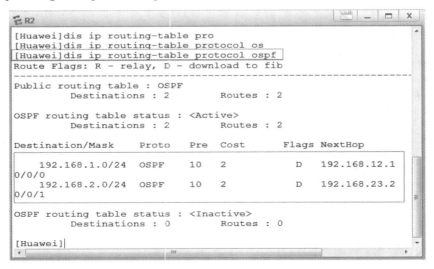

图 2-13　查看 R1 的路由表

图 2-13R1 的路由表中，Proto 标记为 OSPF，如果只看 OSPF 协议的路由，可以使用"display ip routing-table protocol ospf"命令。R2 的路由表如图 2-14 所示。

图 2-14　查看 R2 的路由表

R3 的路由表如图 2-15 所示。

```
R3                                                              _ □ X
-------------------------------------------------------------
Routing Tables: Public
         Destinations : 8          Routes : 8

Destination/Mask      Proto    Pre   Cost      Flags  NextHop

    127.0.0.0/8       Direct   0     0           D    127.0.0.1
    127.0.0.1/32      Direct   0     0           D    127.0.0.1
  192.168.1.0/24      OSPF     10    3           D    192.168.23.1
0/0/0
   192.168.2.0/24     Direct   0     0           D    192.168.2.254
0/0/1
  192.168.2.254/32    Direct   0     0           D    127.0.0.1
0/0/1
   192.168.12.0/24    OSPF     10    2           D    192.168.23.1
0/0/0
   192.168.23.0/24    Direct   0     0           D    192.168.23.2
0/0/0
   192.168.23.2/32    Direct   0     0           D    127.0.0.1
0/0/0

[Huawei]
```

图 2-15　查看 R3 的路由表

从图 2-13、图 2-14 和图 2-15 可以看到，R1、R2、R3 分别有两条 OSPF 路由记录，可见路由器之间的网络全部打通。接下来测试 PC1 和 PC2 的连通性，测试结果如图 2-16 所示。

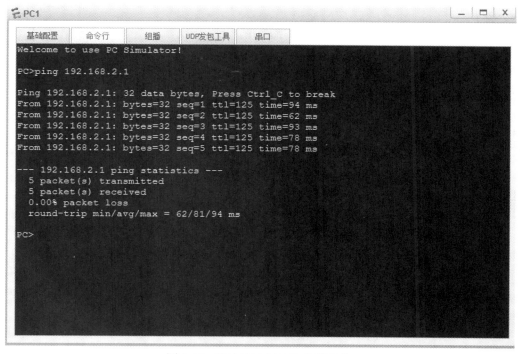

图 2-16　测试 PC1 与 PC2 的连通性

任务总结

在 OSPF 协议的配置过程中，公布端口网段时，要注意使用正确的反掩码，且单区域的配置必须设置为区域 0。

 任务拓展

完成如图 2-17 所示的路由器配置 OSPF 协议，IP 规划如图中所示。注意每个网段的子网掩码位数不一致，配置完成后能实现 PC3 和 PC4 的互通。

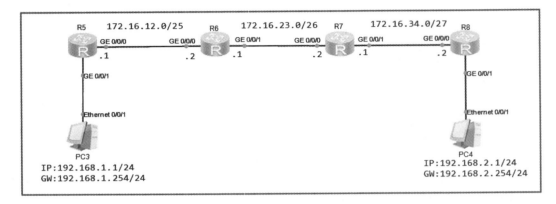

图 2-17　OSPF 协议路由配置拓扑

要求：

(1) 根据配置拓扑图，完成路由器的端口 IP 地址配置。

(2) 在路由器上配置 OSPF 路由协议。

(3) 查看和分析 R5、R6、R7、R8 的路由表。

(4) 检验 PC3 与 PC4 之间的连通性。

任务 4　华为设备多区域 OSPF 路由的配置

 任务描述

某大型企业的网络结构时常发生变化，OSPF 路由需运行最短路径优先(Shortest Pathfirst, SPF)算法重新计算路由信息，大量消耗路由器的 CPU 和内存资源，而且随着路径的增加，路由表变得越来越庞大。每一次路径的改变，都使路由器不得不花大量的时间和资源去重新计算路由表，路由器变得越来越低效，且有可能使路由器的 CPU 和内存资源彻底耗尽，导致路由器崩溃。

网络工程师对该企业的实际情况进行了分析，决定把 OSPF 大型区域划分成多个更易管理的小型区域，区域之间交换路由汇总信息，而不是每一个路由的细节，划分小型区域后可实现 OSPF 路由的工作更加流畅。请使用多区域 OSPF 协议配置该公司的网络设备。

相关知识

1. OSPF 区域容量

划分多区域后，每个 OSPF 区域可以容纳多少台路由器呢？通常，单区域所支持的路由器的数量是 30～200 台，考虑网络拓扑的稳定性、路由器的内存、CPU 性能等参数的影响，区域内实际加入的路由器数量是指能容纳的最大数量。显然，一个区域里包含 25 台路由器就比较多了。

2. 多区域 OSPF 路由的配置方法

多区域与单区域的 OSPF 路由配置方法相同，需要注意的是要分清路由器所属的区域。同一个设备的不同端口可能属于不同的区域，注意设置区域，配置方法如下：

首先，配置骨干区域：

(1) 启用 OSPF 协议，自定义进程号，比如 OSPF 1。

(2) 指定 OSPF 的区域，骨干区域 0，比如 area 0。

(3) 在路由器的端口公布网段和反掩码。

其次，配置其他区域，如区域 1：

(1) 启用 OSPF 协议，自定义进程号，比如 OSPF 1，不同区域进程号可以相同。

(2) 指定 OSPF 的区域，非骨干区域 1，比如 area 1。

(3) 在路由器的端口公布网段和反掩码。

需要注意的是，所有区域必须与骨干区域 0 直接相连，才能相互学习路由信息。

实施步骤

1. 网络拓扑规划

在路由器上配置 OSPF 协议，其规划拓扑如图 2-18 所示，PC 机的 IP 地址规划如图中所示。

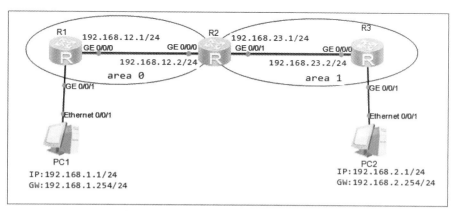

图 2-18　OSPF 路由配置拓扑

要求：

(1) 根据配置拓扑图，完成路由器的端口 IP 地址配置。

(2) 在路由器上配置 OSPF 协议。

(3) 查看路由表。

(4) 检验 PC1 与 PC2 之间的连通性。

2. 路由器的 OSPF 协议配置

第一步：为 R1、R2、R3 配置端口 IP 地址。

R1 的端口地址配置命令如下：

```
[R1] interface GigabitEthernet 0/0/0
[R1-GigabitEthernet 0/0/0] ip address 192.168.12.1 24
[R1] interface GigabitEthernet 0/0/1
[R1-GigabitEthernet 0/0/1] ip address 192.168.1.254 24
```

R2 的端口地址配置命令如下：

```
[R2] interface GigabitEthernet 0/0/0
[R2-GigabitEthernet 0/0/0] ip address 192.168.12.2 24
[R2] interface GigabitEthernet 0/0/1
[R2-GigabitEthernet 0/0/1] ip address 192.168.23.1 24
```

R3 的端口地址配置命令如下：

```
[R3] interface GigabitEthernet 0/0/0
[R3-GigabitEthernet 0/0/0] ip address 192.168.23.2 24
[R3] interface GigabitEthernet 0/0/1
[R3-GigabitEthernet 0/0/1] ip address 192.168.2.254 24
```

第二步：OSPF 协议的配置。

对于单区域 OSPF 协议的配置，必须配置骨干区域 0，其他的配置与配置 RIP 协议一致，只需公布路由器的直连网段。由分析可知，R1 的直连网段是 192.168.1.0/24 和 192.168.12.0/24，因此 R1 的配置命令如下：

```
[R1] ospf 1 router-id 1.1.1.1
[R1-ospf-1] area 0                    #设置骨干区域 0
[R1-ospf-1-area-0.0.0.0] network 192.168.12.0 0.0.0.255   #公布网段及反掩码
[R1-ospf-1-area-0.0.0.0] network 192.168.1.0 0.0.0.255    #公布网段及反掩码
```

R2 的两个端口分别属于不同的区域，配置命令如下：

```
[R2] ospf 1 router-id 2.2.2.2
[R2-ospf-1] area 0    #端口 GE 0/0/0 设置骨干区域 0
[R2-ospf-1-area-0.0.0.0] network 192.168.12.0 0.0.0.255
[R2-ospf-1] area 1    #端口 GE 0/0/1 设置区域 1
[R2-ospf-1-area-0.0.0.1] network 192.168.23.0 0.0.0.255
```

R3 的两个端口都属于区域 1，配置命令如下：

```
[R3] ospf 1 router-id 3.3.3.3
```

[R3-ospf-1] area 1

[R3-ospf-1-area-0.0.0.1] network 192.168.2.0 0.0.0.255

[R3-ospf-1-area-0.0.0.1] network 192.168.23.0 0.0.0.255

配置过程中,路由器会启用 OSPF 协议自动学习路由并记录在路由表中。

3. 测试与验证

完成上述配置后,R1、R2、R3 应该都有两条 OSPF 协议的路由记录,如果少于 2 条则是配置有误。使用命令"display ip routing-table"查看路由器的整张 IP 路由表,查看路由器 R1 的路由表如图 2-19 所示。

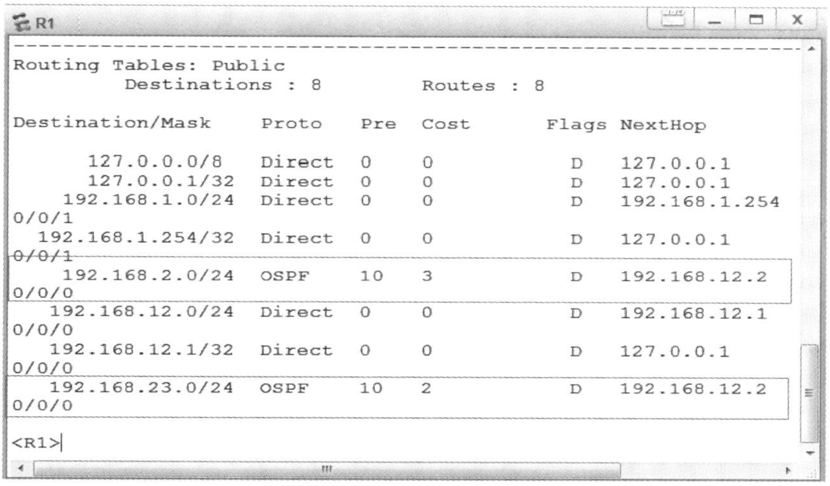

图 2-19　查看 R1 的路由表

R2 的路由表如图 2-20 所示。

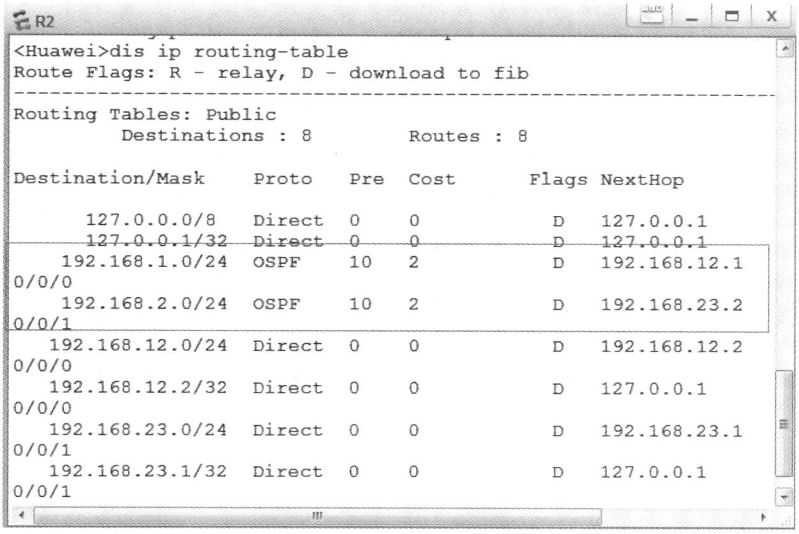

图 2-20　查看 R2 的路由表

R3 的路由表如图 2-21 所示。

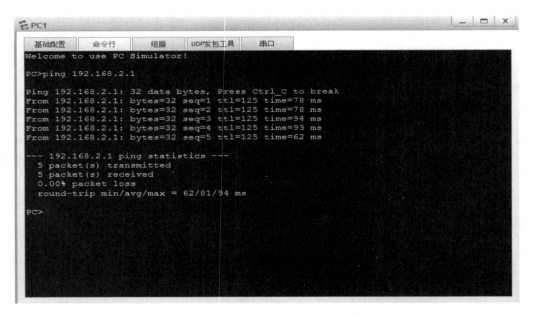

图 2-21　查看 R3 的路由表

由图 2-19、图 2-20 和图 2-21 可知，R1、R2、R3 分别有两条 OSPF 路由记录，可见路由器之间的网络全部打通。接下来测试 PC1 和 PC2 的连通性，测试结果如图 2-22 所示。

图 2-22　测试 PC1 与 PC2 的连通性

 任务总结

在多区域 OSPF 路由的配置过程中，要仔细区分哪个区域包含哪些接口，只在本区域公布对应的网段即可，另外任何区域都必须与骨干区域 0 相连。

任务拓展

完成如图 2-23 所示的路由器配置 OSPF 协议，其 IP 规划如图中所示。注意每个网段的子网掩码位数不一致，配置完成后能实现 PC3 和 PC4 的互通。

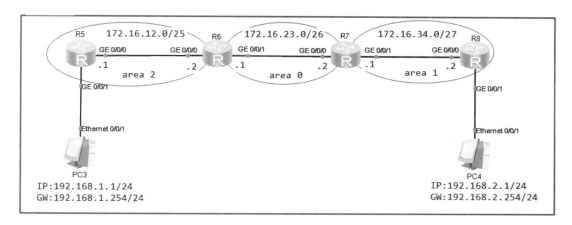

图 2-23　OSPF 路由配置拓扑

要求：

(1) 根据配置拓扑图，完成路由器的端口 IP 地址配置。
(2) 在路由器上配置 OSPF 路由协议。
(3) 查看和分析 R5、R6、R7、R8 的路由表。
(4) 检验 PC3 与 PC4 之间的连通性。

任务 5　华为设备 ISIS 路由的配置

 任务描述

某运营商的承载网在设计时要求尽可能简化，而且以环状网为主。如果采用 OSPF 协议，要考虑所有区域和骨干区域 0 相邻，设计会变得很复杂，即使用了虚链路，其可用性和冗余性也会大打折扣。

基于运营商的骨干网络因区域扁平、收敛极快、承载庞大的路由条目的特点，需要用到 ISIS 路由协议建设网络。请使用 ISIS 协议完成网络设备的配置。

 相关知识

1. ISIS 的路由器类型

中间系统到中间系统(Intermediate System to Intermediate System，ISIS)协议是一种内部网

关协议，是运营商普遍采用的内部网关协议之一。ISIS 协议是一个分级的链接状态路由协议，基于 DECnet PhaseV 路由算法，实际上与 OSPF 协议非常相似，也使用 Hello 协议寻找毗邻节点，使用一个传播协议发送链接信息。ISIS 协议的路由器类型有三种，如图 2-24 所示。

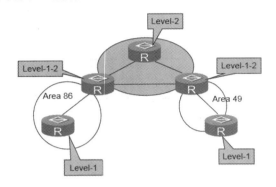

图 2-24　ISIS 协议的路由器类型

在图 2-24 所示的 ISIS 协议的路由拓扑中，路由器有以下三种类型：

1) Level-1 路由器

(1) 只与本区域的路由器形成邻接关系；

(2) 只参与本区域内的路由，只保留本区域的数据库信息；

(3) 通过接受离自己最近的 Level-1-2 路由器所发布的缺省路由，访问其他区域。

2) Level-2 路由器

(1) 可以与其他区域的 Level-2 路由器形成邻接；

(2) 参与骨干区域路由的计算；

(3) 保存整个 ISIS 域内的路由信息。

3) Level-1-2 路由器

(1) 可以和同区域的任何级别路由器形成 Level-1 和 Level-2 邻接关系，还可以和其他区域相邻的 Level-2 或 Level-1/Level-2 路由器形成 Level-2 邻接关系；

(2) 可能有两个级别的链路状态数据库；

(3) 将 Level-1 链路状态数据库(Link State DataBase，LSDB)中的路由信息转换到 Level-2 级的链路状态包(Link-State Packet，LSP)，向其 Level-2 邻接关系传播，从而将普通区域内的路由传播到骨干区域中；

(4) 通常位于区域边界上，连接普通区域和骨干区域。

2. ISIS 的区域层次

ISIS 的区域层次有 Level-1 区域和 Level-2 区域两种，如图 2-24 所示。Level-1 区域，即普通区域，由具有相同区域 ID 且相连的 Level-1 和 Level-1-2 路由组成。Level-2 区域，即骨干区域，由所有相连的 Level-2 和 level-1-2 路由器组成。Level-1-2 路由器独立运行两个 Level 级别的 SPF 算法，可同时参加到 Level-1 区域和 Level-2 区域。

3. ISIS 路由配置方法

(1) 创建/取消 ISIS 进程。

命令为"isis [process-id] / undo isis [process-id]"。

例如：isis 1。

(2) 创建 ISIS 网络实体名称。

"network-entity"命令用来配置进程中的网络实体名称。

"undo network-entity"命令用来删除进程的 NET。

例如：[Huawei-isis-1]network-entity 10.0001.1010.1020.1030.00。

指定 NET 为 10.0001.1010.1020.1030.00，其中系统 ID 是 1010.1020.1030，区域 ID 是 10.0001。

(3) 指定 ISIS 路由器的 Level 级别。

"is-level"命令用来配置 ISIS 路由器的级别，"undo is-level"命令用来恢复为缺省配置，缺省情况下，ISIS 设备级别为 Level-1-2。命令如下：

is-level {level-1 | level-1-2 | level-2}
undo is-level

例如：is-level level-1

　　　　import-route isis level-2 into level-1

(4) 端口下使能 ISIS(Level-1/Level-2 需要指定电路级别，Level-1 和 Level-2 不需要)，需要加入 ISIS 路由域的端口都使能 ISIS。命令如下：

Level-1 和 Level-2：isis enable 1
Level-1-2：isis enable 1
　　　　　　isis circuit-level level-1

实施步骤

1. 网络拓扑规划

在路由器上配置 ISIS 协议，其规划拓扑如图 2-25 所示。

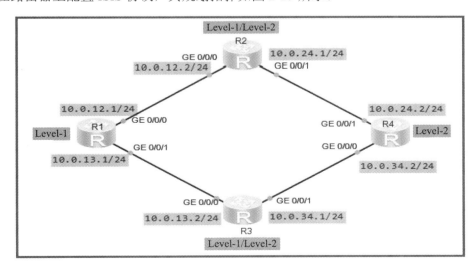

图 2-25　ISIS 路由配置拓扑

要求：

(1) 根据配置拓扑图，完成路由器的端口 IP 地址配置。

(2) 在路由器上配置 ISIS 协议。

(3) 查看路由表。

2. 路由器的 ISIS 协议配置

R1 的配置命令如下：

```
[R1]isis 1                                    #启动 ISIS 协议，进程号为 1
[R1-isis-1]is-level level-1                   #指定路由器的级别为 Level-1
[R1-isis-1]network-entity 10.0001.0001.0001.00 #指定网络实体
[R1]interface GigabitEthernet 0/0/0
[R1-GigabitEthernet 0/0/0]ip address 10.0.12.1 255.255.255.0
[R1-GigabitEthernet 0/0/0]isis enable 1
[R1]interface GigabitEthernet 0/0/1
[R1-GigabitEthernet 0/0/1]ip address 10.0.13.1 255.255.255.0
[R1-GigabitEthernet 0/0/1]isis enable 1
```

R2 的配置命令如下：

```
[R2]isis 1
[R2-isis-1]network-entity 10.0001.0001.0002.00
[R2-isis-1]import-route isis level-2 into level-1
[R2]interface GigabitEthernet 0/0/0
[R2-GigabitEthernet 0/0/0]ip address 10.0.12.2 255.255.255.0
[R2-GigabitEthernet 0/0/0]isis enable 1
[R2-GigabitEthernet 0/0/0]isis circuit-level level-1
[R2]interface GigabitEthernet 0/0/1
[R2-GigabitEthernet 0/0/1]ip address 10.0.24.1 255.255.255.0
[R2-GigabitEthernet 0/0/1]isis enable 1
[R2-GigabitEthernet 0/0/1]isis circuit-level level-2
```

R3 的配置命令如下：

```
[R3]isis 1
[R3-isis-1]network-entity 10.0001.0001.0003.00
[R3-isis-1]import-route isis level-2 into level-1
[R3]interface GigabitEthernet 0/0/0
[R3-GigabitEthernet 0/0/0]ip address 10.0.13.2 255.255.255.0
[R3-GigabitEthernet 0/0/0]isis enable 1
[R3-GigabitEthernet 0/0/0]isis circuit-level level-1
```

```
[R3]interface GigabitEthernet 0/0/1
[R3-GigabitEthernet 0/0/1]ip address 10.0.34.1 255.255.255.0
[R3-GigabitEthernet 0/0/1]isis enable 1
[R3-GigabitEthernet 0/0/1]isis circuit-level level-2
```

R4 的配置命令如下：

```
[R4]isis 1
[R4-isis-1]is-level level-2
[R4-isis-1]network-entity 10.0001.0001.0004.00
[R4]interface GigabitEthernet 0/0/0
[R4-GigabitEthernet 0/0/0]ip address 10.0.34.2 255.255.255.0
[R4-GigabitEthernet 0/0/0]isis enable 1
[R4]interface GigabitEthernet 0/0/1
[R4-GigabitEthernet 0/0/1]ip address 10.0.24.2 255.255.255.0
[R4-GigabitEthernet 0/0/1]isis enable 1
```

3. 测试与验证

完成上述配置后，使用命令"dis ip routing-table"查看路由器的整张 IP 路由表。查看路由器 R1 的路由表如图 2-26 所示。

```
E R1                                                                    _  □  X
 .25.191.3.1 configurations have been changed. The current change number is 7, th
e change loop count is 0, and the maximum number of records is 4095.
<Huawei>dis ip rou
<Huawei>dis ip routing-table
Route Flags: R - relay, D - download to fib
------------------------------------------------------------------------
Routing Tables: Public
         Destinations : 8        Routes : 8

Destination/Mask    Proto   Pre  Cost      Flags NextHop         Interface

      10.0.12.0/24  Direct  0    0           D   10.0.12.1       GigabitEthernet
0/0/0
      10.0.12.1/32  Direct  0    0           D   127.0.0.1       GigabitEthernet
0/0/0
      10.0.13.0/24  Direct  0    0           D   10.0.13.1       GigabitEthernet
0/0/1
      10.0.13.1/32  Direct  0    0           D   127.0.0.1       GigabitEthernet
0/0/1
      10.0.24.0/24  ISIS-L1 15   20          D   10.0.12.2       GigabitEthernet
0/0/0
      10.0.34.0/24  ISIS-L1 15   20          D   10.0.13.2       GigabitEthernet
0/0/1
      127.0.0.0/8   Direct  0    0           D   127.0.0.1       InLoopBack0
      127.0.0.1/32  Direct  0    0           D   127.0.0.1       InLoopBack0

<Huawei>
```

图 2-26 查看 R1 的路由表

查看 R2 的路由表，如图 2-27 所示。

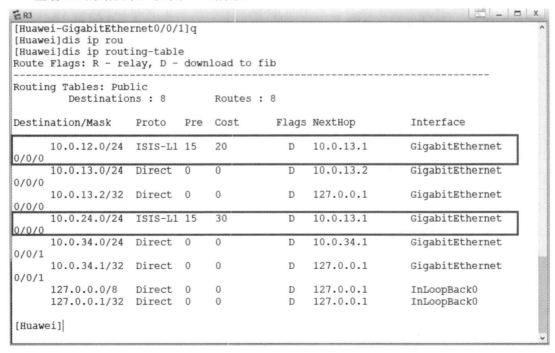

图 2-27　查看 R2 的路由表

查看 R3 的路由表，如图 2-28 所示。

图 2-28　查看 R3 的路由表

查看 R4 的路由表，如图 2-29 所示。

```
[Huawei]dis ip routing-table
Route Flags: R - relay, D - download to fib
------------------------------------------------------------
Routing Tables: Public
        Destinations : 8        Routes : 8

Destination/Mask    Proto   Pre  Cost       Flags NextHop        Interface
     10.0.12.0/24   ISIS-L2 15   20               D   10.0.24.1      GigabitEthernet
0/0/1
     10.0.13.0/24   ISIS-L2 15   20               D   10.0.34.1      GigabitEthernet
0/0/0
     10.0.24.0/24   Direct  0    0                D   10.0.24.2      GigabitEthernet
0/0/1
     10.0.24.2/32   Direct  0    0                D   127.0.0.1      GigabitEthernet
0/0/1
     10.0.34.0/24   Direct  0    0                D   10.0.34.2      GigabitEthernet
0/0/0
     10.0.34.2/32   Direct  0    0                D   127.0.0.1      GigabitEthernet
0/0/0
     127.0.0.0/8    Direct  0    0                D   127.0.0.1      InLoopBack0
     127.0.0.1/32   Direct  0    0                D   127.0.0.1      InLoopBack0

[Huawei]
```

图 2-29　查看 R4 的路由表

 任务总结

在 ISIS 路由的配置过程中，一是要注意区分路由器的级别是 Level-1 还是 Level-1/Level-2，它们之间的配置命令有所区别；二是与 OSPF 协议和 RIP 不同的是，ISIS 协议是在端口下启用，而不是公布网段。

 任务拓展

完成如图 2-30 所示的路由器配置 ISIS 协议，IP 规划如图中所示，配置完成后能实现 R1、R2 和 R5 的互通。

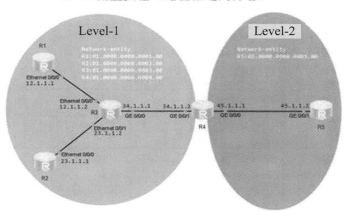

图 2-30　ISIS 路由配置拓扑

要求:

(1) 根据配置拓扑图,完成路由器的端口 IP 地址配置。

(2) 在路由器上配置 ISIS 路由协议。

(3) 查看和分析 R1、R2、R3、R4、R5 的路由表。

(4) 检验 R1、R2 和 R5 之间的连通性。

任务6　华为设备 OSPF 与 RIP 路由重发布配置

 任务描述

某运营商在配置网络时使用了 RIPv2 和 OSPF 协议两种路由协议,因公司业务拓展,需要将两种协议对应的网络进行互联,实现 RIP 区域设备与 OSPF 区域设备之间的互通。请配置路由器实现路由相互引入。

 相关知识

1. 路由重发布概述

在大型企业中可能在同一网络内使用多种路由协议,为了实现多种路由协议协同工作,路由器可以使用路由重发布,将其学习到的一种路由协议通过另外一种路由协议广播出去,使得网络的所有部分都可以互通。

2. 配置方法

(1) 配置 RIPv2 协议;

(2) 配置 OSPF 协议;

(3) 在 OSPF 协议中引入 RIPv2:import-route rip 1。

(4) 在 RIP 协议中引入 OSPF:import-route ospf 1。

实施步骤

1. 网络拓扑规划

由 RIPv2 和 OSPF 协议组成网络,规划拓扑如图 2-31 所示。

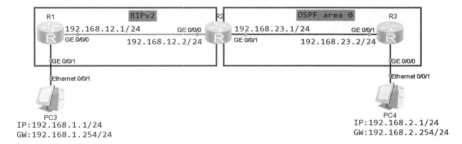

图 2-31　OSPF 与 RIP 路由配置拓扑

要求:

(1) R1—R2 之间运行 RIP，R2—R3 之间运行 OSPF 协议。

(2) 在 R2 上完成路由重发布的配置，使得全网络的路由能够互通。

(3) 完成所有配置后查看路由表，要求 PC3 与 PC4 能够互访。

2. 路由器的重发布配置

(1) R1 的端口 IP 的配置命令如下:

```
[R1] interface GigabitEthernet 0/0/0
[R1-GigabitEthernet 0/0/0] ip address 192.168.12.1 24
[R1] interface GigabitEthernet 0/0/1
[R1-GigabitEthernet 0/0/1] ip address 192.168.1.254 24
```

(2) R1 的 RIPv2 路由配置命令如下:

```
[R1] rip 1
[R1-rip-1] version 2
[R1-rip-1] network 192.168.12.0
[R1-rip-1] network 192.168.1.0
```

(3) R2 的端口 IP 的配置命令如下:

```
[R2] interface GigabitEthernet 0/0/0
[R2-GigabitEthernet 0/0/0] ip address 192.168.12.2 24
[R2] interface GigabitEthernet 0/0/1
[R2-GigabitEthernet 0/0/1] ip address 192.168.23.1 24
```

(4) R2 的路由配置命令如下:

```
[R2] rip 1
[R2-rip-1] version 2
[R2-rip-1] network 192.168.12.0
[R2] ospf 1              #在 R2 的 GE 0/0/1 上激活 OSPF
[R2-ospf-1] area 0
[R2-ospf-1-area-0.0.0.0] network 192.168.23.0 0.0.0.255
```

路由导入:

```
[R2] ospf 1
[R2-ospf-1] import-route rip 1    #导入 RIP
[R2] rip 1
[R2-rip1] import-route ospf 1     #导入 OSPF 协议
```

(5) R3 的端口 IP 的配置命令如下:

```
[R3] interface GigabitEthernet 0/0/0
[R3-GigabitEthernet 0/0/0] ip address 192.168.23.2 24
[R3] interface GigabitEthernet 0/0/1
```

```
[R3-GigabitEthernet 0/0/1] ip address 192.168.2.254 24
```

(6) R3 的路由配置命令如下：

```
[R3] ospf 1
[R3-ospf-1] area 0
[R3-ospf-1-area-0.0.0.0] network 192.168.23.0 0.0.0.255
[R3-ospf-1-area-0.0.0.0] network 192.168.2.0 0.0.0.255
```

3. 测试与验证

完成上述配置后，使用命令"dis ip routing-table"查看路由器的整张 IP 路由表。查看路由器 R1 的路由表，如图 2-32 所示。

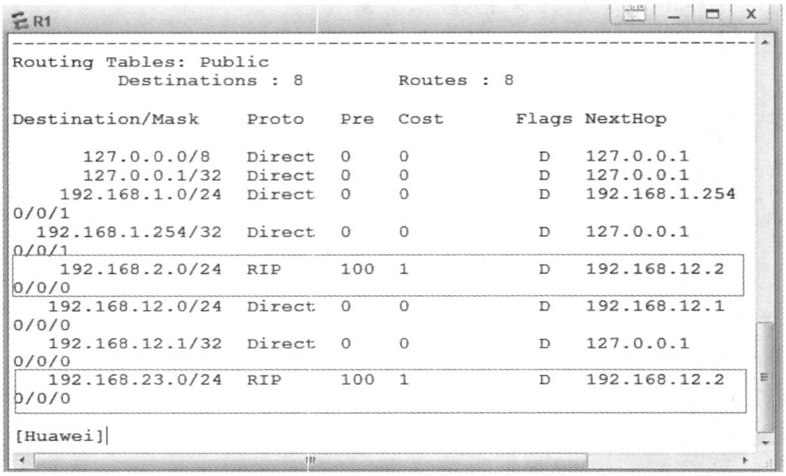

```
E R1                                                              □ X
------------------------------------------------------------------
Routing Tables: Public
         Destinations : 8          Routes : 8

Destination/Mask      Proto     Pre  Cost        Flags NextHop

        127.0.0.0/8      Direct    0    0             D    127.0.0.1
        127.0.0.1/32     Direct    0    0             D    127.0.0.1
      192.168.1.0/24     Direct    0    0             D    192.168.1.254
0/0/1
    192.168.1.254/32     Direct    0    0             D    127.0.0.1
0/0/1
        192.168.2.0/24   RIP      100   1             D    192.168.12.2
0/0/0
      192.168.12.0/24    Direct    0    0             D    192.168.12.1
0/0/0
      192.168.12.1/32    Direct    0    0             D    127.0.0.1
0/0/0
        192.168.23.0/24  RIP      100   1             D    192.168.12.2
0/0/0

[Huawei]
------------------------------------------------------------------
```

图 2-32　查看 R1 的路由表

查看 R2 的路由表，如图 2-33 所示。

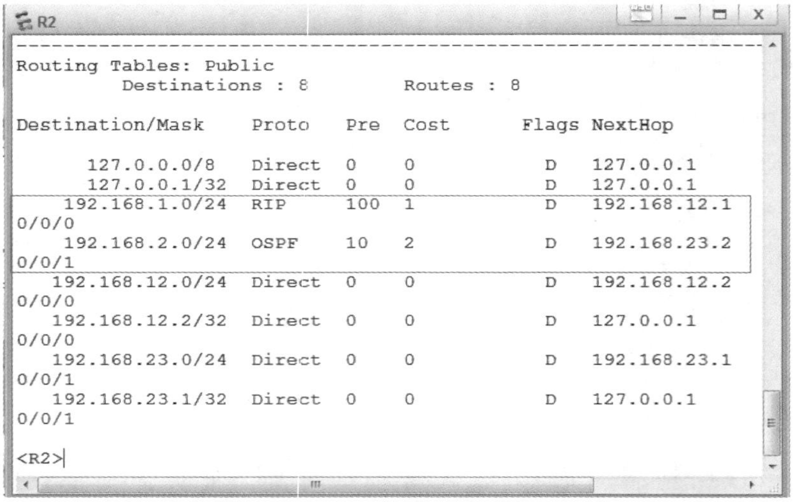

```
E R2                                                              □ X
------------------------------------------------------------------
Routing Tables: Public
         Destinations : 8          Routes : 8

Destination/Mask      Proto     Pre  Cost        Flags NextHop

        127.0.0.0/8      Direct    0    0             D    127.0.0.1
        127.0.0.1/32     Direct    0    0             D    127.0.0.1
      192.168.1.0/24     RIP      100   1             D    192.168.12.1
0/0/0
        192.168.2.0/24   OSPF      10   2             D    192.168.23.2
0/0/1
      192.168.12.0/24    Direct    0    0             D    192.168.12.2
0/0/0
      192.168.12.2/32    Direct    0    0             D    127.0.0.1
0/0/0
      192.168.23.0/24    Direct    0    0             D    192.168.23.1
0/0/1
      192.168.23.1/32    Direct    0    0             D    127.0.0.1
0/0/1

<R2>
------------------------------------------------------------------
```

图 2-33　查看 R2 的路由表

查看 R3 的路由表，如图 2-34 所示。

```
R3                                                          _ □ x
--------------------------------------------------------------
Routing Tables: Public
         Destinations : 8          Routes : 8

Destination/Mask     Proto    Pre   Cost        Flags NextHop
      127.0.0.0/8    Direct   0     0             D   127.0.0.1
      127.0.0.1/32   Direct   0     0             D   127.0.0.1
    192.168.1.0/24   O_ASE    150   1             D   192.168.23.1
0/0/0
    192.168.2.0/24   Direct   0     0             D   192.168.2.254
0/0/1
  192.168.2.254/32   Direct   0     0             D   127.0.0.1
0/0/1
   192.168.12.0/24   O_ASE    150   1             D   192.168.23.1
0/0/0
   192.168.23.0/24   Direct   0     0             D   192.168.23.2
0/0/0
   192.168.23.2/32   Direct   0     0             D   127.0.0.1
0/0/0

[R3-ospf-1-area-0.0.0.0]
```

图 2-34 查看 R3 的路由表

 任务总结

在 OSPF 与 RIP 路由重发布配置过程中应注意：既要在 OSPF 进程中引入 RIP，也要在 RIP 中引入 OSPF，缺一不可。运行 RIP 的路由器中(如 R1)，查看路由表时显示的是 RIP 协议；运行 OSPF 协议的路由器，查看路由表时显示的是 O_ASE 协议，表示这条是外部引入的路由。运行 OSPF 和 RIP 的路由器，查看路由表时，分别显示 RIP 和 OSPF 协议。

 任务拓展

由 OSPF 协议与 RIP 组成的网络拓扑如图 2-35 所示，请按照图中要求完成路由重发布配置，实现 PC 机之间的互通。

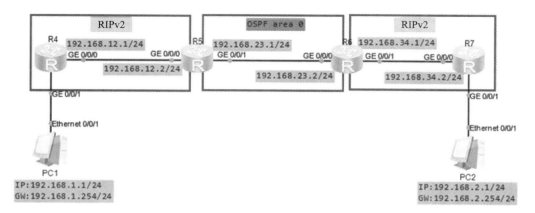

图 2-35 OSPF 协议与 RIP 组网拓扑

要求:

(1) R4—R5、R6—R7 之间运行 RIP；R5—R6 之间运行 OSPF。

(2) 完成路由重发布配置，使得全网络的路由能够互通。

(3) 完成所有配置后查看路由表，要求 PC1 与 PC2 能够互访。

任务 7　BGP 的基础配置

 任务描述

联通与电信、电信与移动之间就属于不同的自治域，而要实现不同运营商之间的通信，就要用到 BGP。请为路由器配置 BGP，实现运营商之间的互通。

 相关知识

1. BGP 协议概述

边界网关协议(Border Gateway Protocol，BGP)(路径矢量)的主要作用是在自治系统(AS)之间传递路由信息。BGP 分为外部边界网关协议(EBGP)和内部边界网关协议(IBGP)，EBGP 应用于在不同自治系统之间，IBGP 应用于自治系统内部。

EBGP 与 IBGP 的区别:

(1) 路由环路的避免措施不一样，IBGP 强制规定不允许把从一个 IBGP 邻居学习到的前缀传递给其他 IBGP 邻居，因此 IBGP 要求逻辑全连接；EBGP 没有这项要求，EBGP 对路由环路的避免是通过 AS_PATH 属性来实现的。

(2) 使用的 BGP 属性不同，例如 IBGP 可以传递 LOCAL_PREF(本地优先属性)，而 EBGP 不行。

(3) IBGP 有同步的要求，IBGP 不需要 IBGP 邻居之间有物理连接，只需要逻辑连接即可，而 EBGP 一般情况下都要求 EBGP 邻居之间存在物理连接。

2. IBGP 和 EBGP 建立的条件

建立 IBGP 邻接关系需满足的条件:

(1) 自治系统(AS)号相同；

(2) 定义邻居建立传输控制协议(TCP)会话；

(3) IBGP 邻居可达。

建立 EBGP 邻接关系需满足的条件:

(1) EBGP 之间自治系统号不同；

(2) 定义邻居建立 TCP 会话；

(3) neighbor 中指定的 IP 地址要可达。

3. 配置方法

(1) 配置端口地址；

（2）OSPF 协议解决内部网络互通；

（3）设备都运行 BGP 并建立 EBGP 邻居关系；

（4）在域内上利用环回端口建立 IBGP 邻居关系；

（5）把业务网段宣告进 BGP，并添加直连端口；

（6）R2 和 R4 添加 OSPF 协议。

实施步骤

1. 网络拓扑规划

拓扑中 R2 与 R4 形成 IBGP 邻居，区域 200，R1 与 R2 形成 EBGP 对等体(邻居)，R4 和 R5 形成 EBGP 对等体(邻居)，具体的 IP 和区域划分如图 2-36 所示。

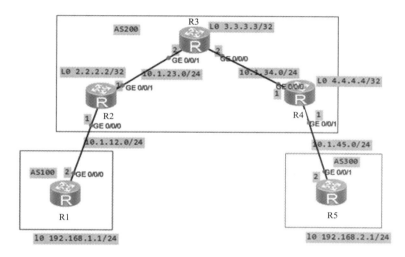

图 2-36　拓扑示意图

要求：

（1）按照拓扑图配置 IP 地址，R1 和 R5 上使用环回端口模拟业务网段，R2、R3、R4 的环回端口用于配置 Router-id 和建立 IBGP 邻居。

（2）AS200 运行 OSPF 协议，实现内部网络互通。

（3）所有设备都运行 BGP，要求 R1 和 R2 利用直连端口建立 EBGP 邻居，R4 和 R5 利用直连端口建立 EBGP 邻居；AS200 内形成 IBGP 全互连，IBGP 邻居使用环回端口建立邻居。

（4）R1 和 R5 把业务网段宣告进 BGP 并添加引入直连路由，解决业务网段互联互通。

（5）分别在 R2 和 R4 中添加引入 OSPF 协议。

2. 路由器配置路由协议

（1）配置路由器的 IP 地址及环回端口地址的命令如下：

```
[R1]int g 0/0/0                        #配置 R1 的端口地址
[R1-GigabitEthernet 0/0/0]ip address 10.1.12.2 24
[R2]int l0                             #配置 R2 的端口地址和环回端口地址
```

```
[R2-LoopBack0]int g 0/0/0
[R2-GigabitEthernet 0/0/0]ip address 10.1.12.1 24
[R2-GigabitEthernet 0/0/0]int g 0/0/1
[R2-GigabitEthernet 0/0/1]ip address 10.1.23.1 24
[R2-GigabitEthernet 0/0/1]int l0
[R2-LoopBack0]ip address 2.2.2.2 32
[R3]int g 0/0/1                          #配置 R3 的端口地址和环回端口地址
[R3-GigabitEthernet 0/0/1]ip address 10.1.23.2 24
[R3-GigabitEthernet 0/0/1]int l0
[R3-LoopBack0]ip address 3.3.3.3 32
[R3-LoopBack0]int g 0/0/0
[R3-GigabitEthernet 0/0/0]ip address 10.1.34.2 24
[R4]int g 0/0/0                          #配置 R4 的端口地址和环回端口地址
[R4-GigabitEthernet 0/0/0]ip address 10.1.34.1 24
[R4-GigabitEthernet 0/0/0]int g0/0/1
[R4-GigabitEthernet 0/0/1]ip address 10.1.45.1 24
[R4-GigabitEthernet 0/0/1]int l0
[R4-LoopBack0]ip address 4.4.4.4 32
[R5]int g 0/0/1                          #配置 R5 的端口地址
[R5-GigabitEthernet 0/0/1]ip add 10.1.45.2 24
```

(2) 配置 OSPF 协议解决内部网络互通的命令如下:

```
[R2]ospf 1 router-id 2.2.2.2             #配置 R2 的 OSPF 协议
[R2-ospf-1]area 0
[R2-ospf-1-area-0.0.0.0]network 2.2.2.2 0.0.0.0
[R2-ospf-1-area-0.0.0.0]network 10.1.23.0 0.0.0.255
[R3]ospf 1 router-id 3.3.3.3             #配置 R3 的 OSPF 协议
[R3-ospf-1]area 0
[R3-ospf-1-area-0.0.0.0]network 3.3.3.3 0.0.0.0
[R3-ospf-1-area-0.0.0.0]network 10.1.23.0 0.0.0.255
[R3-ospf-1-area-0.0.0.0]network 10.1.34.0 0.0.0.255
[R4]ospf 1 router-id 4.4.4.4             #配置 R4 的 OSPF 协议
[R4-ospf-1]area 0
[R4-ospf-1-area-0.0.0.0]network 4.4.4.4 0.0.0.0
[R4-ospf-1-area-0.0.0.0]network 10.1.34.0 0.0.0.255
```

(3) 配置 BGP 并建立 EBGP 邻居关系的命令如下:

```
[R1]BGP 100
[R1-bgp]peer 10.1.12.1 as-number 200
[R2]BGP 200
```

```
[R2-bgp]peer 10.1.12.2 as-number 100
```

(4) 在 R4 与 R5 上利用直连端口建立 EBGP 邻居关系的命令如下：

```
[R4]BGP 200
[R4-bgp]peer 10.1.45.2 as-number 300
[R5]bgp 300
[R5-bgp]peer 10.1.45.1 as-number 200
```

(5) 在 R2、R3 与 R4 上利用环回端口建立 IBGP 邻居关系的命令如下：

```
[R2]BGP 200
[R2-bgp]peer 3.3.3.3 as-number 200
[R2-bgp]peer 3.3.3.3 connect-interface loopback 0    //修改更新源为环回口
[R2-bgp]peer 3.3.3.3 next-hop-local     //修改 IBGP 邻居下一跳为本机
[R2-bgp]peer 4.4.4.4 as-number 200
[R2-bgp]PEER 4.4.4.4 connect-interface loopback 0
[R2-bgp]peer 4.4.4.4 next-hop-local
[R3]bgp 200
[R3-bgp]peer 2.2.2.2 as-number 200
[R3-bgp]peer 2.2.2.2 connect-interface loopback 0
[R3-bgp]peer 4.4.4.4 as-number 200
[R3-bgp]peer 4.4.4.4 connect-interface loopback 0
[R4]BGP 200
[R4-bgp]peer 2.2.2.2 as-number 200
[R4-bgp]PEER 2.2.2.2 connect-interface loopback 0
[R4-bgp]peer 2.2.2.2 next-hop-local
[R4-bgp]PEER 3.3.3.3 as-number 200
[R4-bgp]peer 3.3.3.3 connect-interface loopback 0
[R4-bgp]peer 3.3.3.3 next-hop-local
```

(6) R1 和 R5 把业务网段宣告进 BGP 并添加直连路由的命令如下：

```
[R1-bgp]network 192.168.1.0 255.255.255.0
[R1-bgp]import-route direct
[R5-bgp]network 192.168.2.0 255.255.255.0
[R5-bgp]import-route direct
```

(7) R2 和 R4 添加 OSPF 协议的命令如下：

```
[R2-bgp]import-route ospf1
[R2-bgp]import-route direct
[R4-bgp]import-route ospf1
[R4-bgp]import-route direct
```

3. 测试与验证

完成上述配置后，可以使用命令"dis bgp peer"查看路由器的邻居，以 R1 为例，如图 2-37 所示。

```
[Huawei]dis bgp peer
 BGP local router ID : 10.1.12.2
 Local AS number : 100
 Total number of peers : 1            Peers in established state : 1

  Peer             V        AS  MsgRcvd MsgSent  OutQ  Up/Down       State  Pre
fRcv

  10.1.12.1        4       200       11        8     0 00:03:46 Established
     7
[Huawei]
```

图 2-37　R1 的邻居

使用命令"dis ip routing-table"查看路由器的路由表，以 R1 为例，详见图 2-38。

```
[Huawei]dis ip routing-table
Route Flags: R - relay, D - download to fib
------------------------------------------------------------------------
Routing Tables: Public
         Destinations : 17       Routes : 17

Destination/Mask    Proto   Pre  Cost      Flags NextHop        Interface

        2.2.2.2/32  EBGP    255  0           D   10.1.12.1      GigabitEthernet
0/0/0
        3.3.3.3/32  EBGP    255  1           D   10.1.12.1      GigabitEthernet
0/0/0
        4.4.4.4/32  EBGP    255  2           D   10.1.12.1      GigabitEthernet
0/0/0
     10.1.12.0/24   Direct  0    0           D   10.1.12.2      GigabitEthernet
     10.1.12.2/32   Direct  0    0           D   127.0.0.1      GigabitEthernet
0/0/0
   10.1.12.255/32   Direct  0    0           D   127.0.0.1      GigabitEthernet
0/0/0
     10.1.23.0/24   EBGP    255  0           D   10.1.12.1      GigabitEthernet
0/0/0
     10.1.34.0/24   EBGP    255  2           D   10.1.12.1      GigabitEthernet
0/0/0
     10.1.45.0/24   EBGP    255  3           D   10.1.12.1      GigabitEthernet
0/0/0
      127.0.0.0/8   Direct  0    0           D   127.0.0.1      InLoopBack0
      127.0.0.1/32  Direct  0    0           D   127.0.0.1      InLoopBack0
127.255.255.255/32  Direct  0    0           D   127.0.0.1      InLoopBack0
    192.168.1.0/24  Direct  0    0           D   192.168.1.1    LoopBack0
    192.168.1.1/32  Direct  0    0           D   127.0.0.1      LoopBack0
  192.168.1.255/32  Direct  0    0           D   127.0.0.1      LoopBack0
    192.168.2.0/24  EBGP    255  0           D   10.1.12.1      GigabitEthernet
0/0/0
255.255.255.255/32  Direct  0    0           D   127.0.0.1      InLoopBack0

[Huawei]
```

图 2-38　R1 的路由表

在 R1 使用命令"ping-a"查看 R1 和 R5 是否连通，如图 2-39 所示。

```
<Huawei>ping -a 192.168.1.1 192.168.2.1
  PING 192.168.2.1: 56  data bytes, press CTRL_C to break
    Reply from 192.168.2.1: bytes=56 Sequence=1 ttl=252 time=300 ms
    Reply from 192.168.2.1: bytes=56 Sequence=2 ttl=252 time=60 ms
    Reply from 192.168.2.1: bytes=56 Sequence=3 ttl=252 time=60 ms
    Reply from 192.168.2.1: bytes=56 Sequence=4 ttl=252 time=90 ms
    Reply from 192.168.2.1: bytes=56 Sequence=5 ttl=252 time=80 ms

  --- 192.168.2.1 ping statistics ---
    5 packet(s) transmitted
    5 packet(s) received
    0.00% packet loss
    round-trip min/avg/max = 60/118/300 ms

<Huawei>
```

图 2-39　R1 与 R5 连通性测试

任务总结

在本任务中，一定要分别建立 EBGP 和 IBGP，并把 R1 和 R5 业务网段宣告到 BGP 中才不会出错。IBGP 之间是 TCP 连接，也就意味着 IBGP 邻居采用的是逻辑连接方式。两个 IBGP 连接不一定存在实际的物理链路，所以需要由 IGP 提供路由，以完成 BGP 路由的递归查找。

任务拓展

拓扑结构中，R2 与 R4 形成 IBGP 邻居，区域 200，R1 与 R2 形成 EBGP 对等体(邻居)，R4 和 R5 形成 EBGP 对等体(邻居)，具体的 IP 地址和区域划分如图 2-40 所示。

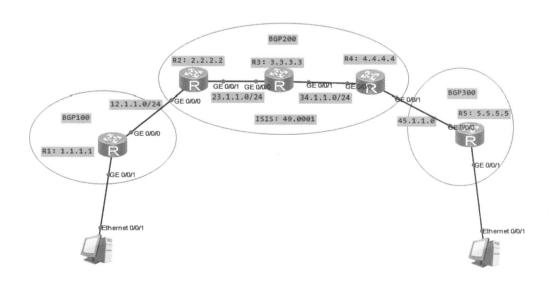

图 2-40　拓扑结构示意图

要求：

(1) 按照拓扑图配置 IP 地址，R1 和 R5 上使用环回端口模拟业务网段，R2、R3、R4 的环回端口用于配置 Router-id 和建立 IBGP 邻居。

(2) AS200 运行 OSPF 协议，实现内部网络互通。

(3) 所有设备都运行 BGP，要求 R1 和 R2 利用直连端口建立 EBGP 邻居，R4 和 R5 利用直连端口建立 EBGP 邻居，AS200 内形成 IBGP 全互联，IBGP 邻居使用环回端口建立邻居。

(4) 测试 PC1 和 PC2 是否互通。

任务 8　基于 ISIS 协议的 BGP 配置

 任务描述

OSPF 协议和 ISIS 协议的运行环境大为不同，OSPF 协议主要应用在企业内部，ISIS 协议主要应用在运营商内部，因为 OSPF 协议对区域划分非常严格，区域之间运行 SPF 算法，只要有链路状态通告(Link-State Advertisement，LSA)之间的收敛，必定造成区域内部的震荡，这对整个网络的影响是非常大的。另外 OSPF 协议划分的区域不适合运营商使用。

ISIS 协议很好地弥补了 OSPF 协议的不足，对于区域划分，ISIS 协议是以 Level-1/Level-2(类似于 OSPF 的 ABR)划分区域，并且路由器类型只要是在同一个区域内，都为 Level-2 或 Level-1，并且头部可变，不会造成区域内 SPF 算法的震荡。

请采用 ISIS 协议+BGP 完成运营商内部网络的配置。

 相关知识

ISIS 协议和 BGP 相关知识前面已有介绍，这里只介绍配置思路：

(1) 配置路由器的端口 IP 地址；

(2) 配置 ISIS 区域，启动 ISIS 协议，使用 Level-2 版本，配置网络实体等；

(3) 配置 EBGP，在 R1 和 R2，R4 和 R5 上配置 EBGP；

(4) 配置 IBGP，在 R2、R3、R4 上配置 IBGP；

(5) 在 R1 和 R5 上宣告其他子网和引入直连路由；

(6) 将 R1 和 R2 上的用户加入到互联网段中。

 **实施步骤**

1. 网络拓扑规划

拓扑分为三个区域，R1 和 R2 之间建立 EBGP，R4 和 R5 之间也建立 EBGP；R2、R3、R4 之间建立 IBGP；具体网络划分和 IP 地址规划如图 2-41 所示。

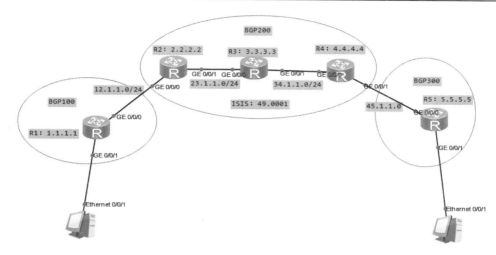

图 2-41　ISIS + BGP 配置拓扑

要求:

(1) 配置各路由器的 IP 地址,R1、R5 使用环回端口模拟业务网段,R2、R3、R4 的环回端口用于配置 Router-id 和建立 IBGP 邻居;

(2) BGP200 运行 OSPF 协议,实现内部网络互通,R2、R3、R4 采用 ISIS 协议,使中间系统与中间系统实现互联,R1 和 R5 把业务网段宣告进 BGP,解决业务网段互联互通;

(3) 运行 BGP 并要求 R1 和 R2 利用直连端口建立 EBGP 邻居,R4 和 R5 利用直连端口建立 EBGP 邻居,AS200 内形成 IBGP 全互联,IBGP 邻居使用环回端口建立邻居。

2. 配置路由器的 IP 地址

R1 配置命令如下:

```
[R1]interface loopback 0
[R1-loopback 0]ip address 1.1.1.1 32
[R1]interface GigabitEthernet 0/0/0
[R1-GigabitEthernet 0/0/0]ip address 12.1.1.1 24
[R1]interface GigabitEthernet 0/0/1
[R1-GigabitEthernet 0/0/1]ip address 192.168.1.1 24
```

R2 配置命令如下:

```
[R2]interface loopback 0
[R2-loopback 0]ip address 2.2.2.2 32
[R2]interface GigabitEthernet 0/0/0
[R2-GigabitEthernet 0/0/0]ip address 12.1.1.2 24
[R2]interface GigabitEthernet 0/0/1
[R2-GigabitEthernet 0/0/1]ip address 23.1.1.2 24
```

R3 配置命令如下:

```
[R3]interface loopback 0
```

```
[R3-loopback 0]ip address 3.3.3.3 32
[R3]interface GigabitEthernet 0/0/0
[R3-GigabitEthernet 0/0/0]ip address 23.1.1.3 24
[R3]interface GigabitEthernet 0/0/1
[R3-GigabitEthernet 0/0/1]ip address 34.1.1.3 24
```

R4 配置命令如下：

```
[R4]interface loopback 0
[R4-loopback 0]ip address 4.4.4.4 32
[R4]interface GigabitEthernet 0/0/0
[R4-GigabitEthernet 0/0/0]ip address 34.1.1.4 24
[R4]interface GigabitEthernet 0/0/1
[R4-GigabitEthernet 0/0/1]ip address 45.1.1.4 24
```

R5 配置命令如下：

```
[R5]interface loopback 0
[R5-loopback 0]ip address 5.5.5.5 32
[R5]interface GigabitEthernet 0/0/0
[R5-GigabitEthernet 0/0/0]ip address 45.1.1.5 24
[R5]interface GigabitEthernet 0/0/1
[R5-GigabitEthernet 0/0/1]ip address 192.168.2.1 24
```

3. 配置 ISIS 区域

R2 配置命令如下：

```
[R2]isis 1
[R2-isis-1]network-entity 49.0001.0000.0000.0002.00
[R2-isis-1]is-level level-2     #Level-1 或 Level-2 均可，这里使用 Level-2，只开启 GE 0/0/1
                                #和 LoopBack 0 的 ISIS 即可
[R2]interface loopback 0
[R2-loopback 0]isis enable 1
[R2]interface GigabitEthernet 0/0/1
[R2-GigabitEthernet 0/0/1]isis enable 1
```

R3 配置命令如下：

```
[R3]isis 1
[R3-isis-1]network-entity 49.0001.0000.0000.0003.00
[R3-isis-1]is-level level-2
[R3]interface loopback 0
[R3-loopback 0]isis enable 1
[R3]interface GigabitEthernet 0/0/0
[R3-GigabitEthernet 0/0/0]isis enable 1
```

```
[R3]interface GigabitEthernet 0/0/1
[R3-GigabitEthernet 0/0/1]isis enable 1
```

R4 配置命令如下：

```
[R4]isis 1
[R4-isis-1]network-entity 49.0001.0000.0000.0004.00
[R4-sis-1]is-level level-2
[R4]interface loopback 0
[R4-loopback 0]isis enable 1
[R4]interface GigabitEthernet 0/0/0
[R4-GigabitEthernet 0/0/0]isis enable 1
```

4. 配置左侧 EBGP

配置 EBGP 之前，先打通 1.1.1.1 到 2.2.2.2 的静态路由。

R1 配置命令如下：

```
[R1]ip route-static 2.2.2.2 32 12.1.1.2
[R1]bgp 100
[R1-bgp]router-id 1.1.1.1
[R1-bgp]peer 2.2.2.2 as-number 200
[R1-bgp]peer 2.2.2.2 connect-interface LoopBack 0
[R1-bgp]peer 2.2.2.2 ebgp-max-hop 2
```

可以使用以下命令查看配置是否成功。

```
[R1]dis bgp peer
```

R2 配置命令如下：

```
[R2]ip route-static 1.1.1.1 32 12.1.1.1
[R2]bgp 200
[R2-bgp]router-id 2.2.2.2
[R2-bgp]peer 1.1.1.1 as-number 100
[R2-bgp]peer 1.1.1.1 connect-interface LoopBack 0
[R2-bgp]peer 1.1.1.1 ebgp-max-hop 2
```

可以使用以下命令查看配置是否成功。

```
[R2]dis bgp peer
```

5. 右侧 EBGP 配置

R4 配置命令如下：

```
[R4]ip route-static 5.5.5.5 32 45.1.1.5
[R4]bgp 200
[R4-bgp]router-id 4.4.4.4
[R4-bgp]peer 5.5.5.5 as-number 300
```

[R4-bgp]peer 5.5.5.5 connect-interface loopback 0

[R4-bgp]peer 5.5.5.5 ebgp-max-hop 2

R5 配置命令如下：

[R5]ip route-static 4.4.4.4 32 45.1.1.4

[R5]bgp 300

[R5-bgp]router-id 5.5.5.5

[R5-bgp]peer 4.4.4.4 as-number 200

[R5-bgp]peer 4.4.4.4 connect-interface loopback 0

[R5-bgp]peer 4.4.4.4 ebgp-max-hop 2

可以使用以下命令查看配置是否成功。

[R5]dis bgp peer

6. 配合中间 IBGP

在前面的配置步骤中已经配置 router-id，这里就不再重复配置了。

R2 配置命令如下：

[R2]bgp 200

[R2-bgp]peer 3.3.3.3 as-number 200

[R2-bgp]peer 3.3.3.3 connect-interface loopback 0

[R2-bgp]peer 3.3.3.3 next-hop-local   #边界路由器需配置此参数

[R2-bgp]peer 4.4.4.4 as-number 200

[R2-bgp]peer 4.4.4.4 connect-interface loopback 0

[R2-bgp]peer 4.4.4.4 next-hop-local   #边界路由器需配置此参数

R3 配置命令如下：

[R3]bgp 200

[R3-bgp]peer 2.2.2.2 as-number 200

[R3-bgp]peer 2.2.2.2 connect-interface loopback 0

[R3-bgp]peer 4.4.4.4 as-number 200

[R3-bgp]peer 4.4.4.4 connect-interface loopback 0

[R3]dis bgp peer

R4 和 R2 都属于边界路由，配置方法相同。R4 配置命令如下：

[R4]bgp 200

[R4-bgp]peer 3.3.3.3 as-number 200

[R4-bgp]peer 3.3.3.3 connect-interface loopback 0

[R4-bgp]peer 3.3.3.3 next-hop-local

[R4-bgp]peer 2.2.2.2 as-number 200

[R4-bgp]peer 2.2.2.2 connect-interface loopback 0

[R4-bgp]peer 2.2.2.2 next-hop-local

[R4]dis bgp peer

7. 在 R1 和 R5 上宣告其他子网和引入直连路由

R1 配置命令如下：

[R1]bgp 100
[R1-bgp]network 192.168.1.0 24
[R1-bgp]network 1.1.1.1 32
[R1-bgp]import-route direct
[R1-bgp]dis bgp routing-table

查看 R1 的 BGP 路由，如图 2-42 所示。

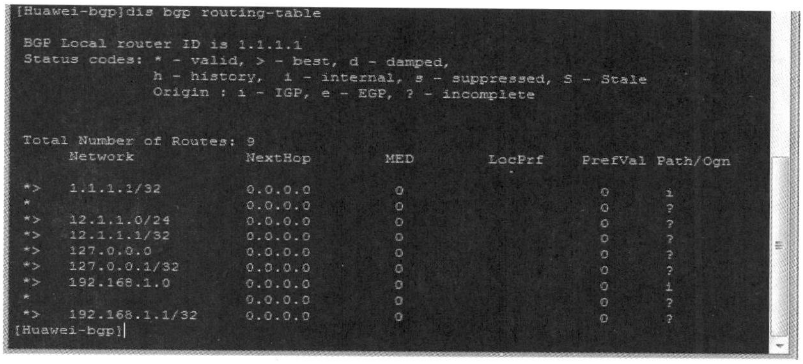

```
[Huawei-bgp]dis bgp routing-table

BGP Local router ID is 1.1.1.1
Status codes: * - valid, > - best, d - damped,
              h - history, i - internal, s - suppressed, S - Stale
              Origin : i - IGP, e - EGP, ? - incomplete

Total Number of Routes: 9
     Network          NextHop        MED      LocPrf     PrefVal Path/Ogn
 *>  1.1.1.1/32       0.0.0.0        0                   0       i
 *                    0.0.0.0        0                   0       ?
 *>  12.1.1.0/24      0.0.0.0        0                   0       ?
 *>  12.1.1.1/32      0.0.0.0        0                   0       ?
 *>  127.0.0.0        0.0.0.0        0                   0       ?
 *>  127.0.0.1/32     0.0.0.0        0                   0       ?
 *>  192.168.1.0      0.0.0.0        0                   0       i
 *                    0.0.0.0        0                   0       ?
 *>  192.168.1.1/32   0.0.0.0        0                   0       ?
[Huawei-bgp]
```

图 2-42 查看 R1 的 BGP 路由

R5 配置命令如下：

[R5]bgp 300
[R5-bgp]network 192.168.2.0 24
[R5-bgp]network 5.5.5.5 32
[R5-bgp]import-route direct
[R5-bgp]dis bgp routing-table

查看 R5 的 BGP 路由，如图 2-43 所示。

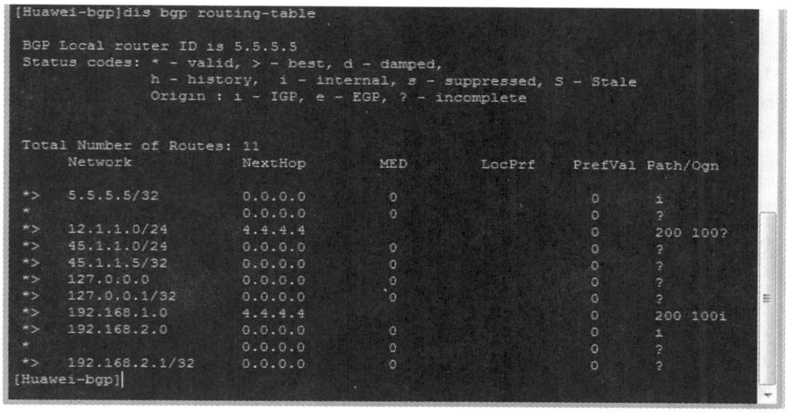

```
[Huawei-bgp]dis bgp routing-table

BGP Local router ID is 5.5.5.5
Status codes: * - valid, > - best, d - damped,
              h - history, i - internal, s - suppressed, S - Stale
              Origin : i - IGP, e - EGP, ? - incomplete

Total Number of Routes: 11
     Network          NextHop        MED      LocPrf     PrefVal Path/Ogn
 *>  5.5.5.5/32       0.0.0.0        0                   0       i
 *                    0.0.0.0        0                   0       ?
 *>  12.1.1.0/24      4.4.4.4                            0       200 100?
 *>  45.1.1.0/24      0.0.0.0        0                   0       ?
 *>  45.1.1.5/32      0.0.0.0        0                   0       ?
 *>  127.0.0.0        0.0.0.0        0                   0       ?
 *>  127.0.0.1/32     0.0.0.0        0                   0       ?
 *>  192.168.1.0      4.4.4.4                            0       200 100i
 *>  192.168.2.0      0.0.0.0        0                   0       i
 *                    0.0.0.0        0                   0       ?
 *>  192.168.2.1/32   0.0.0.0        0                   0       ?
[Huawei-bgp]
```

图 2-43 查看 R5 的 BGP 路由

8. 引入静态路由

在 IBGP 的两个边界路由上引入 ISIS 协议、直连路由和静态路由，其中引入静态路由是解决 1.1.1.1 和 5.5.5.5 的联通。

R2 配置命令如下：

```
[R2]bgp 200
[R2-bgp]import-route isis 1
[R2-bgp]import-route direct
[R2-bgp]import-route static
```

R4 配置命令如下：

```
[R4]bgp 200
[R4-bgp]import-route isis 1
[R4-bgp]import-route direct
[R4-bgp]import-route static
```

使用命令 "dis ip routing-table" 查看路由器的路由表，以 R5(图中 AR5)为例，如图 2-44 所示。

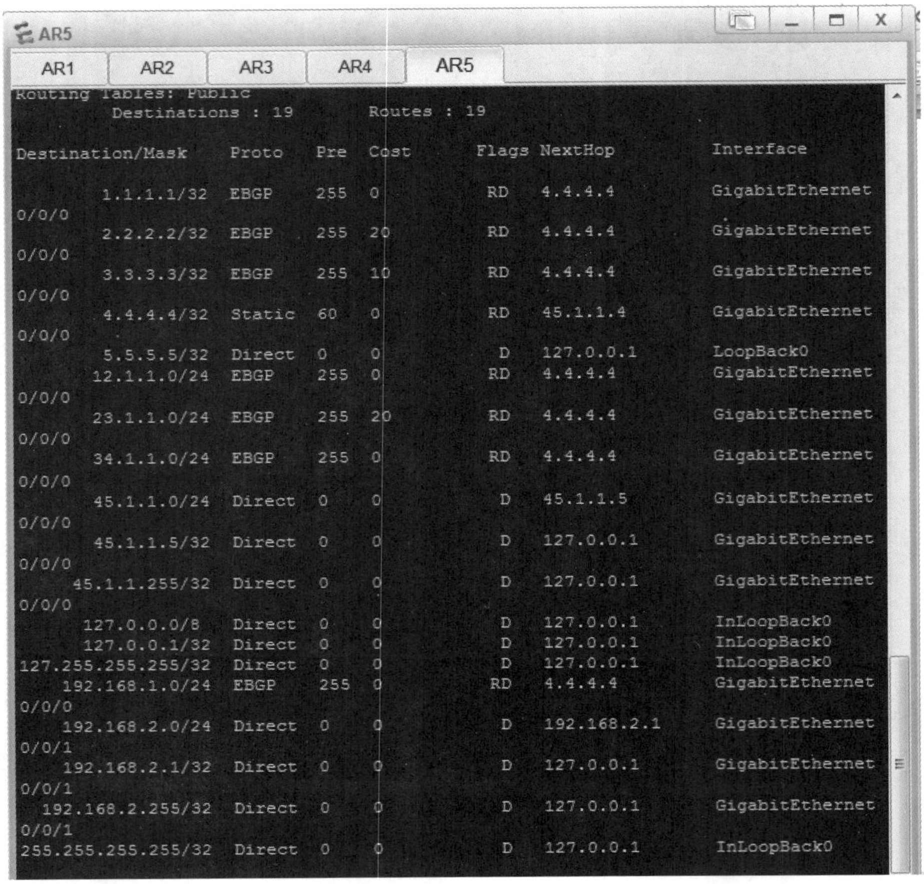

图 2-44　查看 R5 的 BGP 路由表

在 R5 查看 R1 和 R5 是否互通，从图 2-45 可知，通过配置已经完成了网络的互通。

```
[Huawei]ping -a 192.168.2.1 192.168.1.1
  PING 192.168.1.1: 56  data bytes, press CTRL_C to break
    Reply from 192.168.1.1: bytes=56 Sequence=1 ttl=252 time=460 ms
    Reply from 192.168.1.1: bytes=56 Sequence=2 ttl=252 time=80 ms
    Reply from 192.168.1.1: bytes=56 Sequence=3 ttl=252 time=60 ms
    Reply from 192.168.1.1: bytes=56 Sequence=4 ttl=252 time=60 ms
    Reply from 192.168.1.1: bytes=56 Sequence=5 ttl=252 time=70 ms

  --- 192.168.1.1 ping statistics ---
    5 packet(s) transmitted
    5 packet(s) received
    0.00% packet loss
    round-trip min/avg/max = 60/146/460 ms
```

图 2-45　R1 与 R5 的互通性测试

 任务总结

在采用 ISIS 协议 + BGP 进行配置的过程中，要注意 IBGP 内部一定要能够实现全互联，EBGP 通过直连端口建立 EBGP，所有的 BGP 路由配置都打通时，要生成 BGP 路由还需在 BGP 上宣告网段，并且在边界路由器上引入其他路由协议的自治系统。另外，宣告网络时要注意子网掩码的一致性。

 任务拓展

拓扑规划中，R1、R2、R3、R5 形成 IBGP 邻居，区域 65001，AR3 与 AR4 形成 EBGP 对等体(邻居)，区域划分如图 2-46 所示(IP 地址可任意自行划分)。

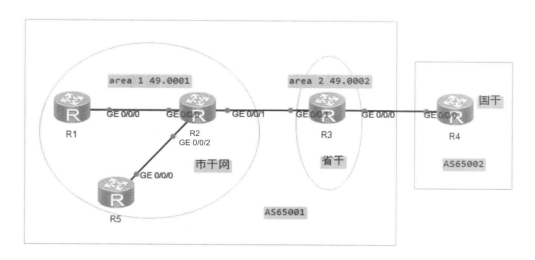

图 2-46　拓展任务的拓扑结构

要求:

(1) 按照拓扑图配置 IP 地址,R2、R3、R4 的环回端口建立 IBGP 邻居。

(2) AS 65001 运行 ISIS,实现内部网络互通。

(3) 所有设备都运行 BGP,R3 和 R4 利用直连端口建立 EBGP 邻居。

(4) 最终实现 R1 和 R4 互通。

项目三　交换机的三层交换技术与应用

　　传统的交换技术是在 OSI 模型中的第二层——数据链路层进行操作的,而三层交换技术是在 OSI 模型中的第三层实现了数据包的高速转发。简单地说,三层交换技术就是二层交换技术+三层转发技术。三层交换技术解决了局域网中网段划分之后子网必须依靠路由器进行管理的问题,以及传统路由器低速、复杂所造成的网络瓶颈问题。

　　第三层交换工作在 OSI 七层标准模型中的第三层即网络层,是利用第三层标准协议中的 IP 包的报头信息对后续数据业务流进行标记,具有同一标记的业务流的后续报文被交换到第二层数据链路层,从而打通了源 IP 地址和目的 IP 地址之间的通路。因此,三层交换机不必将每次接收到的数据包进行拆包来判断路由,而是直接将数据包进行转发和交换。本项目将交换机的三层交换技术与应用分为 5 个任务,具体如下:

　　任务 1　三层交换机实现 VLAN 间的互访。

　　任务 2　路由器子接口实现 VLAN 间互访。

　　任务 3　华为三层交换机与路由器对接。

　　任务 4　华为路由器静态 BFD 配置。

　　任务 5　华为路由器策略路由 PBR 的配置。

任务 1　三层交换机实现 VLAN 间的互访

 任务描述

　　某学校实验楼每层已经安装调试好了楼层交换机,并全都互联在华为三层交换机 1 上,图书馆的 4 个楼层交换机也已经互联在三层交换机 2 上。为了实现图书馆和实验楼用户的互通,请配置两栋楼的三层交换机,实现它们之间的网络互通。

 相关知识

1. 三层交换机概述

　　三层交换机就是工作在 OSI 标准模型的第三层(网络层)的交换机,具有部分路由功能。三层交换机一般用在企业网和教学网的核心层,其千兆端口、百兆端口下连接不同的 VLAN,实现 VLAN 间的通信。需要注意的是,三层交换机的作用是加快大型局域网内部的数据交换，所具备的路由功能也只是为这个目的服务的，能够做到一次路由，多次转发。因此三层交换机的路由功能弱于同档次的路由器。

2. 二层交换机与三层交换机

二层交换机的配置拓扑如图 3-1 所示，SW1 和 SW2 创建好 VLAN10 和 VLAN20，配置交换机相应的端口，让其放行对应 VLAN ID 的流量。在二层交换机 VLAN 配置拓扑中，交换机工作在链路层，且交换机的端口并没有配置 IP 地址，更没有配置路由协议。

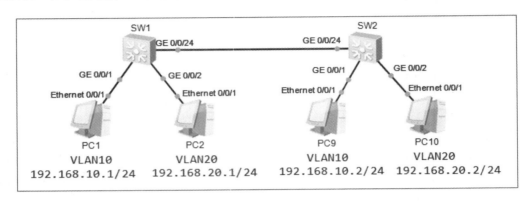

图 3-1　交换机 VLAN 配置拓扑

三层交换机的作用是实现 VLAN 之间的通信，其端口通常作为某网段的网关，因此需要为端口配置 IP 地址，如图 3-2 所示。

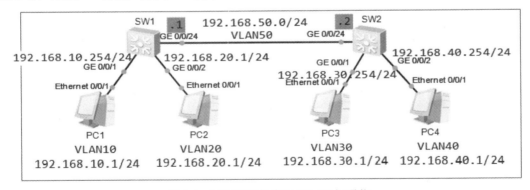

图 3-2　三层交换机实现 VLAN 间通信

在三层交换机 VLAN 配置拓扑中，三层交换机实现不同 VLAN 间的通信，是依靠交换机上配置网关来实现的，而跨交换机的 VLAN 间的网段通信必须依靠路由来实现。

3. 配置方法

(1) 配置 VLAN 及端口类型的命令如下；

```
[Huawei]vlan batch 10 20
[Huawei-GE 0/0/1]port link-type access
[Huawei-GE 0/0/1]port default vlan 10
```

(2) 配置 VLANif 端口与 IP 地址的命令如下；

```
[Huawei]int vlanif 10
```

[Huawei-vlanif 10]ip add 192.168.10.254 24

如果是跨交换机的 VLAN 通信，需要配置路由协议，可选择配置 RIP 和 OSPF 协议，让不同 VLAN 之间实现通信。

 **实施步骤**

1. 网络拓扑规划

三层交换机连接两个 VLAN 对应的网段如图 3-3 所示。

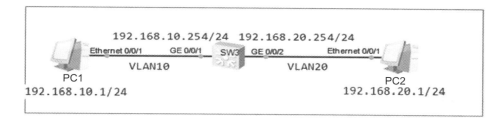

图 3-3 三层交换机与终端互联拓扑

要求：

(1) 在交换机上创建 VLAN，并为端口设置相应的属性；

(2) 配置 VLANif 端口，为 PC 机配置对应的网关，实现 PC1 与 PC2 互访。

2. 交换机的配置

(1) 创建 VLAN 并配置端口链路属性的命令如下：

```
[SW] vlan batch 10 20
[SW] interface GigabitEthernet 0/0/1
[SW-GigabitEthernet 0/0/1] port link-type access
[SW-GigabitEthernet 0/0/1] port default vlan 10
[SW] interface GigabitEthernet 0/0/2
[SW-GigabitEthernet 0/0/2] port link-type access
[SW-GigabitEthernet 0/0/2] port default vlan 20
```

(2) 配置 VLANif 10 及 VLANif 20 端口作为 VLAN10 及 VLAN20 用户的网关，命令如下：

```
[SW] interface vlanif 10
[SW-vlanif 10] ip address 192.168.10.254 24
[SW ]interface vlanif 20
[SW-vlanif20] ip address 192.168.20.254 24
```

3. 测试与验证

完成配置后，使用命令"dis ip intface brief"查看交换机的端口信息，如图 3-4 所示。

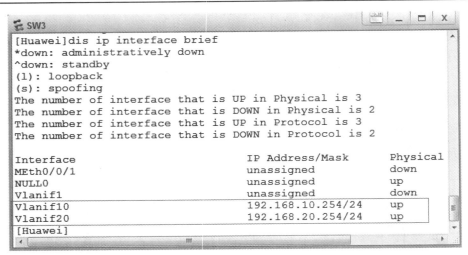

图 3-4　查看交换机的端口信息

PC1 ping 通 PC2 结果如图 3-5 所示。

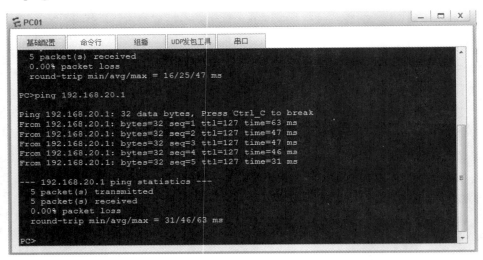

图 3-5　PC1 ping 通 PC2 测试

 任务总结

在三层交换机实现 VLAN 间通信的配置过程中，要注意以下几点：

(1) 配置端口链路属性为 Access 类型，交换机之间也要配置 Access 类型；

(2) 在三层交换机之间对接时，其 VLAN ID 号不一定要一致，可以设置不同的 VLAN ID 号。

 任务拓展

由三层交换机组成的拓扑如图 3-6 所示，请按照以下要求完成配置，实现 PC 机之间的互通。

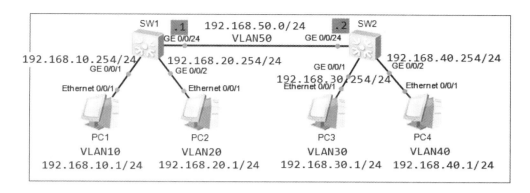

图 3-6   三层交换机组网拓扑

要求：

(1) 在交换机上创建 VLAN，并为端口设置相应的属性；

(2) 配置 VLANif 端口，为 PC 机配置对应的网关；

(3) 配置 OSPF 协议路由，实现 PC1 与 PC2 互访。

任务2　路由器子接口实现 VLAN 间互访

 任务描述

某学校 3 个实训室划分了 3 个 VLAN，实现了实训室内部 PC 机之间的正常通信。如果要接入因特网，则需要连接学校网络中心的路由器，但路由器的物理端口资源有限。请使用路由器的一个物理端口，实现 3 个实训室不同的 VLAN 间的互通。

 相关知识

1. 子接口的概念

子接口(subinterface)是通过协议和技术将一个物理接口(interface)虚拟出来的多个逻辑端口。相对于子接口而言，物理接口称为主接口。每个子接口从功能、作用上来说，与每个物理接口没有任何区别，它的出现打破了每个设备存在物理接口数量有限的局限性。在路由器中，一个子接口的取值范围是 0~4095，共 4096 个，由于受主接口物理性能限制，实际中无法完全达到 4096 个，数量越多，各子接口的性能越差。

2. 单臂路由

单臂路由(router-on-a-stick)是指在路由器的一个端口上通过配置子接口(或"逻辑接口"，并不存在真正的物理接口)的方式，实现原来相互隔离的不同 VLAN(虚拟局域网)之间的互联互通。

在局域网中，通过交换机上配置 VLAN 可以减少主机通信广播域的范围。当 VLAN

之间有部分主机需要通信，而交换机又不支持三层交换时，可以采用一台支持 802.1Q 的路由器实现 VLAN 间的互通。这需要在以太口上建立子接口，分配 IP 地址作为该 VLAN 的网关，同时启动 802.1Q。

3．配置方法

(1) 建立子接口 ID 的命令如下：

```
[Router] interface GigabitEthernet 0/0/0.10
```

(2) 绑定 VLAN ID 的命令如下：

```
[Router-GigabitEthernet 0/0/0.10] dot1q termination vid 10
```

(3) 配置 IP 地址作为网关的命令如下：

```
[Router-GigabitEthernet 0/0/0.10] ip address 192.168.10.254 24
```

(4) 广播生效的命令如下：

```
[Router-GigabitEthernet 0/0/0.10] arp broadcast enable
```

 实 施 步 骤

1．网络拓扑规划

路由器连接两个 VLAN 对应的网段的配置拓扑如图 3-7 所示。

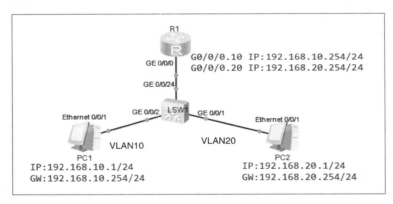

图 3-7　路由器子接口配置拓扑

要求：

(1) 在交换机上创建 VLAN，并为端口设置相应的属性；

(2) 配置路由器的子接口，为 PC 机配置对应的网关；

(3) 实现 PC1 与 PC2 互访。

2．交换机和路由器的配置

(1) 交换机配置的命令如下：

```
[SW] vlan batch 10 20

[SW] interface GigabitEthernet 0/0/1

[SW-gigabitEthernet 0/0/1] port link-type access

[SW-gigabitEthernet 0/0/1] port default vlan 10
```

```
[SW] interface GigabitEthernet 0/0/2

[SW-gigabitEthernet 0/0/2] port link-type access

[SW-gigabitEthernet 0/0/2] port default vlan 20

[SW] interface GigabitEthernet 0/0/24

[SW-gigabitEthernet 0/0/24] port link-type trunk

[SW-gigabitEthernet 0/0/24] port trunk allow-pass vlan 10 20
```

注意在交换机配置中，在 GE 0/0/24 端口需要承载 VLAN10 及 VLAN20 的二层流量，因此需配置为 Trunk 模式，并且要放行两个 VLAN 的流量。

(2) 路由器的配置：

在 GE 0/0/0 端口创建一个子接口 "GE 0/0/0.10"，并封装 "dot1q vid 10"，使得该子接口能够与 VLAN 10 的数据对接，命令如下：

```
[Router] interface GigabitEthernet 0/0/0.10

[Router-GigabitEthernet 0/0/0.10] dot1q termination vid 10

[Router-GigabitEthernet 0/0/0.10] ip address 192.168.10.254 24

[Router-GigabitEthernet 0/0/0.10] arp broadcast enable
```

在 GE 0/0/0 端口创建一个子接口 "GE 0/0/0.20"，并封装 "dot1q vid 20"，使得该子接口能够与 VLAN20 的数据对接，命令如下：

```
[Router] interface GigabitEthernet 0/0/0.20

[Router-GigabitEthernet 0/0/0.20] dot1q termination vid 20

[Router-GigabitEthernet 0/0/0.20] ip address 192.168.20.254 24

[Router-GigabitEthernet 0/0/0.20] arp broadcast enable
```

3. 测试与验证

完成配置后，使用命令 "dis ip intface brief" 查看交换机的端口信息，如图 3-8 所示。

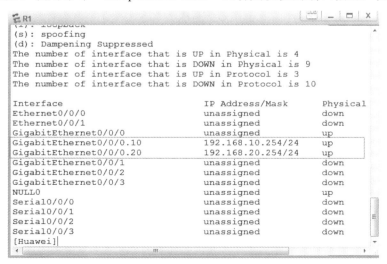

图 3-8 查看路由器的子接口地址

PC1 ping 通 PC2 结果如图 3-9 所示。

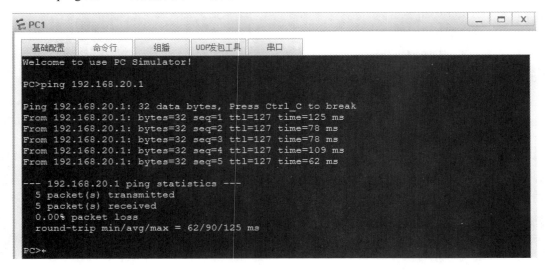

图 3-9　PC1 ping 通 PC2 测试

 任务总结

在路由器子接口实现 VLAN 间通信的配置过程中，要注意以下几点：

(1) 在配置交换机的端口链路属性时，应注意区分 Access 和 Trunk 类型；

(2) VLAN ID 号与子接口的 ID 号不一定要一致，可以设置不同的 VLAN ID 号。

 任务拓展

三层交换机组网拓扑规划如图 3-10 所示，请按照图中要求完成配置，实现 PC 机之间的互通。

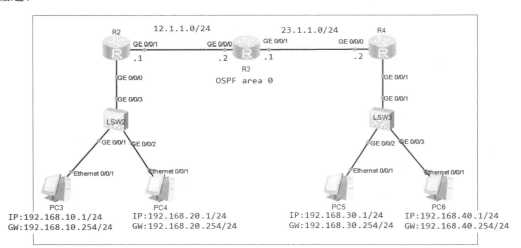

图 3-10　三层交换机组网拓扑

要求:

(1) 在交换机上创建 VLAN, 并为端口设置相应的属性。

(2) 配置路由器的子接口, 为 PC 机配置对应的网关。

(3) 配置 OSPF 路由, 实现 PC 机间互访。

任务3　华为三层交换机与路由器对接

 任务描述

某学校 3 个实训室划分了 3 个 VLAN, 实现了实训室内部 PC 机间的正常通信。为了实现 3 个实训室之间的互通, 为三层交换机配置了相应的 VLANIF 端口, 如果要接入因特网, 则需要将连接学校网络中心的路由器接入。请配置三层交换机与路由器的相关参数, 完成对接。

 相关知识

在本项目任务 2 中已经介绍了三层交换机与路由器的相关知识, 这里只介绍对接配置方法及注意事项。

(1) 配置三层交换机的 IP 地址。配置交换机的地址时, 需要先设置端口的链路属性, 然后建立 VLANif 端口并在其下配置 IP 地址与掩码。

(2) 配置路由器的端口地址, 直接进入端口即可配置 IP 地址。

(3) 配置路由器与交换机的路由协议, 在交换机和路由器上运行相同的路由协议。

实施步骤

1. 网络拓扑规划

路由器与三层交换机对接拓扑规划如图 3-11 所示。

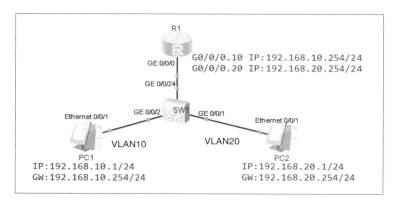

图 3-11　路由器与三层交换机对接配置拓扑

要求：

(1) 在交换机上创建 VLAN，并为端口设置相应的属性。

(2) 在交换机上创建 VLANif 端口，为 PC 机配置对应的网关。

(3) 在交换机和路由器上配置路由协议，实现 PC 机间互通。

(4) 设置 PC1 与 PC2 能够访问路由器的环回端口地址 8.8.8.8。

2. 交换机和路由器的配置

(1) 交换机的配置命令如下：

```
[SW] vlan batch 10 20
[SW] interface GigabitEthernet 0/0/2
[SW-GigabitEthernet 0/0/1] port link-type access
[SW-GigabitEthernet 0/0/1] port default vlan 10
[SW] interface GigabitEthernet 0/0/1
[SW-GigabitEthernet 0/0/2] port link-type access
[SW-GigabitEthernet 0/0/2] port default vlan 20
[SW] interface vlanif 10
[SW-vlanif 10] ip address 192.168.10.254 24
[SW] interface vlanif 20
[SW-vlanif 20] ip address 192.168.20.254 24
```

配置完成后，PC1 与 PC2 能够互相访问了。在交换机上配置与路由器对接，命令如下：

```
[SW] vlan 200                       #创建 VLAN 200
[SW-vlan200] quit
[SW] interface vlanif 200
[SW-vlanif 200] ip address 192.168.200.1 24
[SW-vlanif 200] quit
[SW] ip route-static 0.0.0.0 0.0.0.0 192.168.200.2
```

使用"ip route-static"命令，为三层设备配置静态路由。在交换机上既可以使用"ip route-static 8.8.8.0 24 192.168.200.2"命令，使交换机拥有到达 8.8.8.0/24 网段的路由，成功地将去往 8.8.8.8 的路由送到下一跳地址 192.168.200.2；也可以用"ip route-static 0.0.0.0 0.0.0.0"的形式为三层交换机配置一条默认路由，默认路由可匹配任何一个目的地，可作为该交换机数据转发的"最后求助对象"。

(2) 路由器的配置命令如下：

```
[Router] interface GigabitEthernet 0/0/0
[Router-GigabitEthernet 0/0/0]    ip address 192.168.200.2 24
[Router] interface loopback 0
[Router-loopback 0] ip address 8.8.8.8 24
[Router-loopback 0] quit
[Router] ip route-static 192.168.10.0 24 192.168.200.1
```

[Router] ip route-static 192.168.20.0 24 192.168.200.1

在路由器上创建一个 LoopBack 0 端口(环回端口)，用于模拟在路由器后面的一个网段。LoopBack 端口作为一个逻辑端口并不真实存在，并且该端口永远不会 DOWN。正是由于这些特性，LoopBack 端口常用于网络测试。

3. 测试与验证

完成配置后，PC1 ping 通 PC2、PC1 ping 通 8.8.8.8，结果如图 3-12 所示。

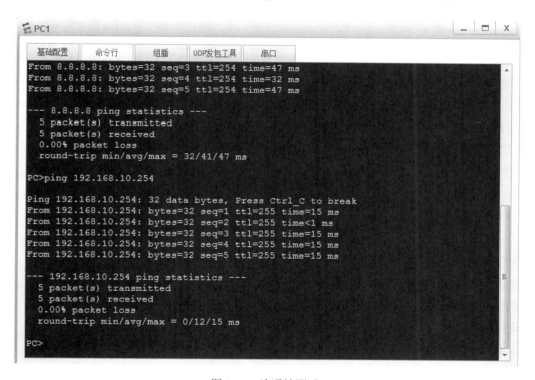

图 3-12　连通性测试

 任务总结

在路由器与三层交换机对接的配置过程中，要注意以下几点：

(1) 配置三层交换机的 IP 地址时，必须设置端口类型并创建 VLANif 端口，只有在 VLANif 端口下，才能成功配置 IP 地址。

(2) 配置三层交换机路由协议的方法和步骤与配置路由器一致。

 任务拓展

由路由器组成的拓扑如图 3-13 所示，交换机 Switch 和路由器对接，使用户 PC1 和 PC2 可以实现上网功能。交换机是三层交换机，可以完成跨网段的通信。

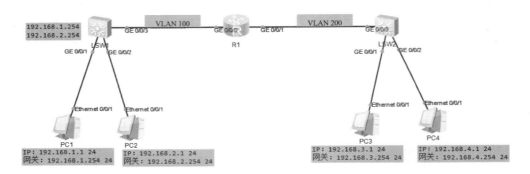

图 3-13　三层交换机与路由器对接组网拓扑

要求：

(1) 在交换机上创建 VLAN，并为端口设置相应的属性。

(2) 在交换机上创建 VLANif 端口，为 PC 机配置对应的网关。

(3) 在交换机和路由器上配置路由协议，实现 PC 机间互通。

任务 4　华为路由器静态 BFD 配置

 任务描述

　　某学校网络中心有多个运营商 ISP 出口，采用的是静态路由选路，当某条运营商的光纤链路或者中间设备发生故障时，因为静态路由选用而导致数据转发中断。如果希望核心出口交换机能够提前感知到风险，则可将该链路对应静态路由失效或者删除，就不会将数据引到这条路径上，而是走另外的 ISP 出口，这就是静态 BFD 技术。请使用 BFD 技术配置和测试学校网络，实现以上功能。

 相关知识

1. BFD 技术概念

　　双向转发检测(Bidirectional Forwarding Detection，BFD)是一个用于检测两个转发点之间故障的网络协议，采用双向转发检测机制，可以提供毫秒级的检测，实现链路的快速检测。BFD 协议通过与上层路由协议联动，实现路由的快速收敛，确保业务的永续性。

2. BFD 技术的工作原理

　　BFD 是一套全网统一的检测机制，用于快速检测、监控网络中链路或者 IP 路由的转发连通状况，保证邻居之间能够快速检测到通信故障，从而快速建立备用通道，恢复通信。

　　BFD 提供了一个通用的、标准化的、与介质和上层协议无关的快速故障检测机制，可以为各上层协议如路由协议、多协议标签交换(Multi-Prodacol Label Switching, MPLS)等统一、快速检测两台路由器间双向转发路径的故障。

如图 3-14 所示，BFD 在两台路由器或路由交换机上建立会话，用来监测两台路由器间的双向转发路径，为上层协议服务。BFD 本身并没有发现机制，它是靠被服务的上层协议通知其该与谁建立会话，会话建立后如果在检测时间内没有收到对端的 BFD 控制报文则认为发生故障，并通知被服务的上层协议，上层协议再进行相应的处理。

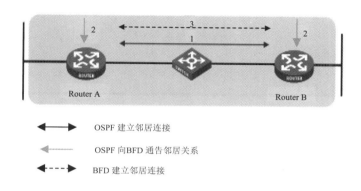

图 3-14　BFD 会话建立流程(以 OSPF 为例)

BFD 会话建立过程：

(1) 上层协议通过其 Hello 机制发现邻居并建立连接。

(2) 上层协议在建立新的邻居关系时，将邻居的参数及检测参数(包括目的地址和源地址等)都通告给 BFD。

(3) BFD 根据收到的参数进行计算并建立邻居连接。

网络出现故障时的处理流程(详见图 3-15)：

(1) BFD 检测到链路/网络故障。

(2) 拆除 BFD 邻居会话。

(3) BFD 通知本地上层协议，进程 BFD 邻居不可达。

(4) 本地上层协议中止上层协议邻居关系。

(5) 如果网络中存在备用路径，路由器将选择备用路径。

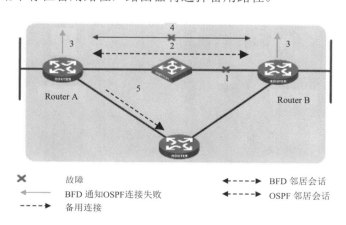

图 3-15　BFD 处理网络故障流程(以 OSPF 为例)

3. 静态 BFD 的配置

(1) 配置组播地址，分别在两台交换机上配置用于检测对端的 IP 地址。

(2) 配置标识符，设置本地和远程标识符，两台交换机互为对端和本端。

(3) 关联 BFD，配置静态路由，并关联 BFD。

👉 **实施步骤**

1. 网络拓扑规划

静态 BFD 拓扑规划如图 3-16 所示。

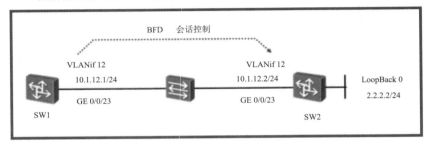

图 3-16　静态 BFD 配置拓扑

要求：

(1) 在 SW1 及 SW2 之间建立 BFD 会话。

(2) 使 SW1 能够访问 2.2.2.0/24 网络，为 SW2 配置静态路由到达该网络。

(3) 中间的交换机为非可网管交换机，以确保在非可网管交换机域 SW2 之间的链路发生故障，或者 SW2 发生故障的情况下，SW1 能够感知并且将 2.2.2.0/24 的静态路由从路由表中撤销。

2. 交换机的配置

(1) SW1 的配置命令如下：

```
[SW1] vlan 12
[SW1-vlan12] quit
[SW1] interface GigabitEthernet 0/0/23
[SW1-GigabitEthernet 0/0/23] port link-type access
[SW1-GigabitEthernet 0/0/23] port default vlan 12
[SW1] interface vlanif 12
[SW1-vlanif 12] ip address 10.1.12.1 24
[SW1] bfd                          #激活 BFD
[SW1] bfd bfd12 bind peer-ip 10.1.12.2          #配置 BFD 用于检测对端 IP 地址
[SW1-bfd-session-bfd12] discriminator local 11    #对应 SW2 的 remote 22
[SW1-bfd-session-bfd12] discriminator remote 22    #对应 SW1 的 Local 11
[SW1-bfd-session-bfd12] commit          #注意要使用 commit 关键字使 BFD 生效
```

接下来配置静态路由，并关联 BFD，命令如下：

ip route-static 2.2.2.0 255.255.255.0 10.1.12.2 track bfd-session bfd12

(2) SW2 的配置命令如下：

[SW2] vlan 12

[SW2] interface GigabitEthernet 0/0/23

[SW2-GigabitEthernet 0/0/23] port link-type access

[SW2-GigabitEthernet 0/0/23] port default vlan 12

[SW2] interface vlanif 12

[SW2-vlanif 12] ip address 10.1.12.2 24

[SW2] interface loopback 0   #配置 LoopBack 端口来模拟 SW2 后面的网络

[SW2-loopback 0] ip address 2.2.2.2 24

[SW2] bfd

[SW2] bfd bfd12 bind peer-ip 10.1.12.1

[SW2-bfd-session-bfd12] discriminator local 22

[SW2-bfd-session-bfd12] discriminator remote 11

[SW2-bfd-session-bfd12] commit

完成上述配置后，查看 SW1 的 BFD 会话状态，如图 3-17 所示，可以看到会话是 UP 状态。

```
[Huawei]dis bfd session all
-----------------------------------------------------------------------
Local Remote      PeerIpAddr       State     Type        InterfaceName
-----------------------------------------------------------------------
11    22          192.168.100.2    Up        S_IP_PEER     -
-----------------------------------------------------------------------
     Total UP/DOWN Session Number : 1/0
[Huawei]
```

图 3-17 SW1 的 BFD 会话状态

此刻在网络正常的情况下，SW1 ping 2.2.2.2 是能够 ping 通的。查看 SW1 的路由表，也存在 2.2.2.0/24 的静态路由，如图 3-18 所示。

[SW1] display ip routing-table

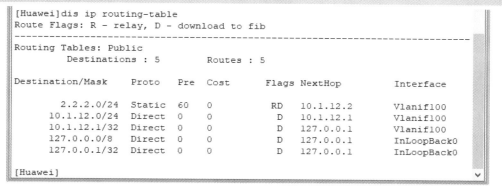

```
[Huawei]dis ip routing-table
Route Flags: R - relay, D - download to fib
-----------------------------------------------------------------------
Routing Tables: Public
        Destinations : 5         Routes : 5

Destination/Mask    Proto    Pre  Cost      Flags NextHop      Interface
        2.2.2.0/24  Static   60   0         RD    10.1.12.2    Vlanif100
       10.1.12.0/24 Direct   0    0         D     10.1.12.1    Vlanif100
       10.1.12.1/32 Direct   0    0         D     127.0.0.1    Vlanif100
      127.0.0.0/8   Direct   0    0         D     127.0.0.1    InLoopBack0
      127.0.0.1/32  Direct   0    0         D     127.0.0.1    InLoopBack0

[Huawei]
```

图 3-18 查看 SW1 的路由表

使用如下命令模拟网络发生故障的情况。

```
[Huawei] display ip routing-table
```

将 SW2 的 VLANif 12 端口 shutDOWN，以此来模拟 SW1 和 SW2 之间连接故障的情况。我们发现，在 SW2 的 VLANif 12 端口被 shutDOWN 之后，SW1 的路由表立即发生了变化，如图 3-19 所示。

```
[Huawei]dis ip routing-table
Route Flags: R - relay, D - download to fib
------------------------------------------------------------
Routing Tables: Public
         Destinations : 6        Routes : 6

Destination/Mask    Proto   Pre  Cost      Flags NextHop         Interface

        2.2.2.0/24  Direct  0    0          D    2.2.2.2         LoopBack0
        2.2.2.2/32  Direct  0    0          D    127.0.0.1       LoopBack0
      10.1.12.0/24  Direct  0    0          D    10.1.12.2       Vlanif100
      10.1.12.2/32  Direct  0    0          D    127.0.0.1       Vlanif100
      127.0.0.0/8   Direct  0    0          D    127.0.0.1       InLoopBack0
      127.0.0.1/32  Direct  0    0          D    127.0.0.1       InLoopBack0

[Huawei]
```

图 3-19　模拟故障后 SW1 的路由表(静态路由消失)

从图 3-19 可知，2.2.2.0/24 的静态路由消失，是因为在 SW1 上配置的这条静态路由关联了 BFD，BFD 检测到 10.1.12.2 的可达性失败，状态为 DOWN，那么与之关联的静态路由也就失效了，因此在路由表中也就看不到 2.2.2.0/24 的路由条目。

 任务总结

在静态 BFD 的配置过程中，要注意静态路由下需绑定 BFD，对端和本端是镜像关系，一定要吻合。在功能实现的过程中可人为模拟故障，检测配置是否成功。

 任务拓展

由路由器组成的静态 BFD 拓扑如图 3-20 所示，查看路由表。

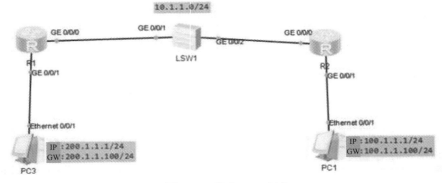

图 3-20　静态 BFD 拓扑

要求：

(1) 在 R1 和 R2 之间建立 BFD 会话；

(2) 使 R1 能够访问 PC1，R2 能够访问 PC3；

(3) 中间的交换机为非可网管交换机，确保在非可网管交换机域 R2 之间的链路发生故障，或者 R2 发生故障的情况下，R1 能够感知。

任务 5 华为路由器策略路由(PBR)配置

 任务描述

某企业有两个出口线路，需要实现内网一部分主机固定从某个出口线路上网，另一部分电脑固定从另一个出口线路上网。请在路由器上配置策略路由实现该功能。

 相关知识

1. PBR 概述

策略路由(Policy-based Routing，PBR)路由器转发数据报文时，根据一定的策略转发，首先根据配置规则对报文进行过滤，匹配成功则按照一定的转发策略进行报文转发。转发策略是控制报文按照指定的策略路由表进行转发，可以修改报文的 IP 优先字段。PBR 能满足基于源 IP 地址、目的 IP 地址、协议字段，甚至 TCP、UDP 的源、目的端口等多种组合的选路。

2. 策略路由与传统路由表

传统的路由表转发只能通过数据的目标地址做决策提供路由，而策略路由只要是能被捕获的流量特征(源地址、目标地址、源端口、目的端口、协议、TOS 等)，就可以用策略路由抓取，灵活性高，但需要手动实施，不能大规模使用。

3. 配置方法

(1) 配置交换机端口；

(2) 创建 ACL；

(3) 创建两个 traffic 分类；

(4) 创建两个 traffic 动作；

(5) 配置与 PC 机直连的端口。

实施步骤

1. 网络拓扑规划

PBR 配置拓扑如图 3-21 所示。

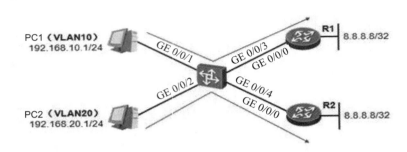

图 3-21　策略路由 PBR 拓扑

要求:

(1) PC1 属于 VLAN10，PC2 属于 VLAN20，PC 机的 IP 地址如图 3-21 所示。

(2) 交换机 VLANif 10 及 VLANif 20 作为 VLAN10 及 VLAN20 用户的网关，地址为.254。

(3) 交换机使用 VLAN100 与 R1 对接，VLANif 100 的 IP 为 192.168.100.1/24，R1 的 GE 0/0/0 端口 IP 为 100.2。

(4) 交换机使用 VLAN200 与 R2 对接，VLANif 200 的 IP 为 192.168.200.1/24，R2 的 GE 0/0/0 端口 IP 为 200.2。

(5) 在 R1 及 R2 上开启 LoopBack 0 端口，IP 均为 8.8.8.8/32，用来模拟一个远端节点。

(6) 要求 PC1 所在子网的用户访问 8.8.8.8 时，流量被引导到 R1 上。

(7) 要求 PC2 所在子网的用户访问 8.8.8.8 时，流量被引导到 R2 上。

2. 路由器和交换机的配置

SW 的配置如下:

创建两个 ACL，分别用来匹配 PC1 及 PC2 所在的网段，命令如下:

```
[SW] acl number 2000
[SW-acl-basic-2000] rule permit source 192.168.10.0 0.0.0.255
[SW] acl number 2001
[SW-acl-basic-2001] rule permit source 192.168.20.0 0.0.0.255
```

配置两个 traffic 分类来匹配上述两个 ACL，实际上就是匹配 PC1 及 PC2 所在网段，命令如下:

```
[SW] traffic classifier class1
[SW-classifier-class1] if-match acl 2000
[SW] traffic classifier class2
[SW-classifier-class2] if-match acl 2001
```

配置两个 traffic 动作，分别修改下一跳为 192.168.100.2 及 192.168.200.2，命令如下:

```
[SW] traffic behavior be1
[SW-behavior-be1] redirect ip-nexthop 192.168.100.2
[SW] traffic behavior be2
[SW-behavior-be2] redirect ip-nexthop 192.168.200.2
```

配置 traffic policy，将 class1 流量与动作 be1 捆绑，将 class2 流量与 be2 捆绑，命令如下：

```
[SW] traffic policy mypolicy
[SW-trafficpolicy-po] classifier class1 behavior be1
[SW-trafficpolicy-po] classifier class2 behavior be2
```

配置与 PC 机直连的端口，同时在端口上应用定义的 traffic policy，命令如下：

```
[SW] interface GigabitEthernet 0/0/1
[SW-GigabitEthernet 0/0/1] port link-type access
[SW-GigabitEthernet 0/0/1] port default vlan 10
[SW-GigabitEthernet 0/0/1] traffic-policy mypolicy inbound
[SW] interface GigabitEthernet 0/0/2
[SW-GigabitEthernet 0/0/2] port link-type access
[SW-GigabitEthernet 0/0/2] port default vlan 20
[SW-GigabitEthernet 0/0/2] traffic-policy mypolicy inbound
```

R1 的配置命令如下：

```
[R1] Interface GigabitEthernet 0/0/0
[R1-GigabitEthernet 0/0/0] Ip address 192.168.100.2 24
[R1] Interface loopback 0
[R1-loopback 0] Ip address 8.8.8.8 32
[R1-loopback 0] quit
[R1]Ip route-static 0.0.0.0 0 192.168.100.1
```

R2 的配置命令如下：

```
[R2] Interface GigabitEthernet 0/0/0
[R2-GigabitEthernet 0/0/0] Ip address 192.168.200.2 24
[R2] Interface loopback 0
[R2-loopback 0] Ip address 8.8.8.8 32
[R2-loopback 0] quit
[R2]Ip route-static 0.0.0.0 0 192.168.200.1
```

完成配置后，在 PC1 上 ping 通 8.8.8.8，结果如图 3-22 所示。同理，PC2 也能够 ping 通 8.8.8.8。

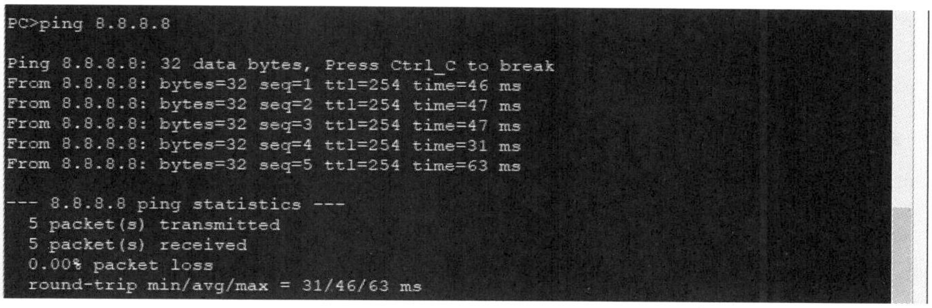

```
PC>ping 8.8.8.8

Ping 8.8.8.8: 32 data bytes, Press Ctrl_C to break
From 8.8.8.8: bytes=32 seq=1 ttl=254 time=46 ms
From 8.8.8.8: bytes=32 seq=2 ttl=254 time=47 ms
From 8.8.8.8: bytes=32 seq=3 ttl=254 time=47 ms
From 8.8.8.8: bytes=32 seq=4 ttl=254 time=31 ms
From 8.8.8.8: bytes=32 seq=5 ttl=254 time=63 ms

--- 8.8.8.8 ping statistics ---
  5 packet(s) transmitted
  5 packet(s) received
  0.00% packet loss
  round-trip min/avg/max = 31/46/63 ms
```

图 3-22　PC1 ping 通 8.8.8.8 测试结果

在 PC1 上执行 tracert 命令，数据跟踪结果如图 3-23 所示，可以看出数据包被转发到了 R1；同理在 PC2 上执行 tracert 命令，也可以得到数据包被转发到了 R2。

```
PC>tracert 8.8.8.8

traceroute to 8.8.8.8, 8 hops max
(ICMP), press Ctrl+C to stop
 1  8.8.8.8   16 ms   47 ms   47 ms

PC>
```

图 3-23　PC1 跟踪测试结果

 任务总结

注意本任务在 SW 上没有配置静态路由，而是直接通过策略路由来实现数据的转发。在上面的示例中，定义好的 traffic policy(mypolicy)是应用在与 PC 直连的端口上，此外，traffic policy 还能应用在 VLAN 视图下。例如在[SW]模式下敲入 VLAN10，然后再执行 traffic-policy mypolicy inbound，使得 VLAN10 的所有入站流量都会过一遍 mypolicy 的策略。最后在 traffic behavior 中，如果直接配置 deny(拒绝)，动作则为丢弃流量。

 任务拓展

完成如图 3-24 所示的 PBR 配置，通过 tracert 命令查看数据包的转发状况。

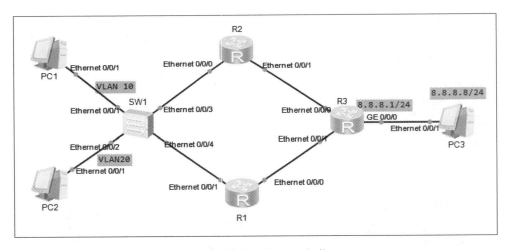

图 3-24　策略路由(PBR)拓扑

要求：

(1) PC1 属于 VLAN10，PC2 属于 VLAN20，PC 机的 IP 地址自己规划。

(2) 要求 PC1 所在子网的用户访问 8.8.8.8 时，流量被引导到 R1 上。

(3) 要求 PC2 所在子网的用户访问 8.8.8.8 时，流量被引导到 R2 上。

项目四　VRRP 技术与应用

虚拟路由冗余协议(Virtual Router Redundancy Protocol，VRRP)是由 IETF 提出的解决局域网中配置静态网关出现单点失效的路由协议，1998 年已推出正式的 RFC2338 协议标准。VRRP 广泛应用在边缘网络中，它的设计目标是支持特定情况下，当 IP 数据流量失败转移时，允许主机使用单路由器，以及即使在第一跳路由器使用失败时仍能够维护路由器间的连通性。本书将 VRRP 技术与应用分为 5 个任务，具体如下：

任务 1　华为路由器上的基础 VRRP 配置。

任务 2　华为路由器子接口上的 VRRP 配置。

任务 3　华为三层交换机上的基础 VRRP 配置。

任务 4　VRRP 与 BFD 联动实现快速切换。

任务 5　VRRP + MSTP 的典型组网。

任务 1　华为路由器上的基础 VRRP 配置

 任务描述

某小型公司使用华为路由器作为服务器的网关，网络运行中路由器发生故障，导致服务器不可访问，为了提升网络的稳定性，网络工程师建议为华为路由器配置 VRRP 功能。请根据公司网络现状，增加合适的设备，采用 VRRP 技术解决以上问题。

 相关知识

1. VRRP 产生背景

VRRP 是由 IETF 提出的解决局域网中配置静态网关出现单点失效的路由协议。正常情况下，主机完全信赖网关的工作，一旦网关损坏，主机与外部的通信就会中断。解决网络中断问题，可以采用再添加网关的方式解决。由于大多数主机只允许配置一个默认网关，因此，需要网络管理员手工干预网络配置，使主机使用新的网关进行通信。

为了更好地解决网络中断的问题，网络开发者提出了采用 VRRP，既不需要改变组网情况，也不需要在主机上做任何配置，只需要在相关路由器上配置极少的命令，就能实现下一跳网关的备份。与其他方法相比，采用 VRRP 更能满足用户的需求。

2. VRRP 的相关术语

虚拟路由器：由一个 Master 路由器和多个 Backup 路由器组成。主机将虚拟路由器当作默认网关。

VRID：虚拟路由器的标识。由具有相同 VRID 的一组路由器构成一个虚拟路由器。

Master 路由器：在虚拟路由器中承担报文转发任务的路由器。

Backup 路由器：Master 路由器出现故障时，能够代替 Master 路由器工作的路由器。

优先级：VRRP 根据优先级来确定虚拟路由器中每台路由器的地位。

非抢占方式：如果 Backup 路由器工作在非抢占方式下，则只要 Master 路由器没有出现故障，Backup 路由器即使随后被配置了更高的优先级也不会成为 Master 路由器。

抢占方式：如果 Backup 路由器工作在抢占方式下，当它收到 VRRP 报文后，会将自己的优先级与通告报文中的优先级进行比较，如果自己的优先级比当前的 Master 路由器的优先级高，就会主动抢占成为 Master 路由器，否则，将保持 Backup 状态。

3. VRRP 工作过程

(1) 虚拟路由器中的路由器根据优先级选举出 Master 路由器。Master 路由器通过发送免费 ARP 报文，将自己的虚拟 MAC 地址通知给与它连接的设备或者主机，从而承担报文转发任务。

(2) Master 路由器周期性发送 VRRP 报文，以公布其配置信息和工作状况。

(3) 如果 Master 路由器出现故障,虚拟路由器中的 Backup 路由器将根据优先级重新选举新的 Master 路由器。

(4) 虚拟路由器状态切换时，需要将 Master 路由器由一台设备切换为另外一台设备，而新的 Master 路由器只需简单地发送一个携带虚拟路由器的 MAC 地址和虚拟 IP 地址信息的免费 ARP 报文，就可以更新与它连接的主机或设备中的 ARP 相关信息，网络中的主机感知不到 Master 路由器已经切换为另外一台设备。

(5) Backup 路由器的优先级高于 Master 路由器时，由 Backup 路由器的工作方式(抢占方式和非抢占方式)决定是否重新选举 Master 路由器。

4. 配置方法

(1) 配置路由器的端口，分别为路由上的端口配置 IP 地址。

(2) 配置虚拟网关，在路由器端口内添加 VRRP 组，并增加虚拟网关的 IP 地址。

(3) 配置优先级，为 VRRP 组的 Master 路由器配置优先级，需要大于 100。一般认为数值越大，优先级越高。优先级的取值范围为 0~255，但可配置的范围是 1~254，优先级 0 是为系统保留给路由器放弃 Master 时使用，而 255 则是系统保留给 IP 地址拥有者使用。Backup 路由器可以不配置优先级，通常默认其优先级为 100。

✍ 实施步骤

1. 网络拓扑规划

在路由器上配置 VRRP，其规划拓扑、IP 地址如图 4-1 所示。

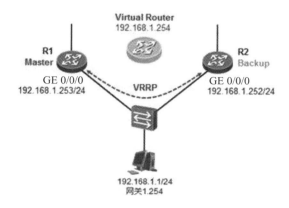

图 4-1 配置路由器上的基础 VRRP 拓扑图

要求:

(1) 在 R1 的 GE 0/0/0 端口及 R2 的 GE 0/0/0 端口上运行一组 VRRP,该组 VRRP 的虚拟 IP 地址为 192.168.1.254。

(2) 正常情况下,R1 的 GE 0/0/0 端口为该 VRRP 组的 Master 路由器,R2 为 Backup 路由器。

(3) 完成配置后,PC 机能够 ping 通网关 192.168.1.254,即使断开交换机与 R1 之间的连线,PC 机依然能够 ping 通网关地址。

2. 实验步骤及配置

R1 的配置如下:

首先完成 R1 端口 IP 的配置,命令如下:

[R1] interface GigabitEthernet 0/0/0

[R1-GigabitEthernet 0/0/0] ip address 192.168.1.253 24

然后在 R1 的 GE 0/0/0 端口上加入 VRRP 组 1,虚拟 IP 为 192.168.1.254,命令如下:

[R1-GigabitEthernet 0/0/0] VRRP vrid 1 virtual-ip 192.168.1.254

接下来配置该端口在 VRRP 组 1 的优先级为 120,让其成为该组 VRRP 的 Master 路由器,命令如下:

[R1-GigabitEthernet 0/0/0] VRRP vrid 1 priority 120

R2 的配置命令如下:

[R2] interface GigabitEthernet 0/0/0

[R2-GigabitEthernet 0/0/0] ip address 192.168.1.252 24

注意:在 R2 的 GE 0/0/0 端口上加入 VRRP 组 1,虚拟 IP 为 192.168.1.254,VRRP 组 ID 和虚拟 IP 地址必须一致,R2 上 VRRP 组的优先级不需手工配置,保持默认 100 即可,命令如下:

[R2-GigabitEthernet 0/0/0] VRRP vrid 1 virtual-ip 192.168.1.254

完成上述配置后,使用以下命令在 R1 上查看 VRRP 的信息,结果如图 4-2 所示。

[R1] display VRRP

```
[Huawei]dis vrrp
  GigabitEthernet0/0/0 | Virtual Router 1
    State : Master
    Virtual IP : 192.168.1.254
    Master IP : 192.168.1.252
    PriorityRun : 120
    PriorityConfig : 120
    MasterPriority : 120
    Preempt : YES   Delay Time : 0 s
    TimerRun : 1 s
    TimerConfig : 1 s
    Auth type : NONE
    Virtual MAC : 0000-5e00-0101
    Check TTL : YES
    Config type : normal-vrrp
    Create time : 2021-05-12 09:18:09 UTC-08:00
    Last change time : 2021-05-12 09:20:54 UTC-08:00

[Huawei]
```

图 4-2　查看 R1 的 VRRP 状态信息

可以看出，R1 的状态为 Master 路由器。使用以下命令查看 R2 的 VRRP 信息，结果如图 4-3 所示。

[R2] display VRRP

```
[Huawei]dis vrrp
  GigabitEthernet0/0/0 | Virtual Router 1
    State : Backup
    Virtual IP : 192.168.1.254
    Master IP : 192.168.1.252
    PriorityRun : 100
    PriorityConfig : 100
    MasterPriority : 120
    Preempt : YES   Delay Time : 0 s
    TimerRun : 1 s
    TimerConfig : 1 s
    Auth type : NONE
    Virtual MAC : 0000-5e00-0101
    Check TTL : YES
    Config type : normal-vrrp
    Create time : 2021-05-12 09:19:08 UTC-08:00
    Last change time : 2021-05-12 09:21:19 UTC-08:00

[Huawei]
```

图 4-3　查看 R2 的 VRRP 状态信息

还可以使用以下命令查看 R1 的 VRRP 简要信息，如图 4-4 所示。

[R1] display VRRP brief

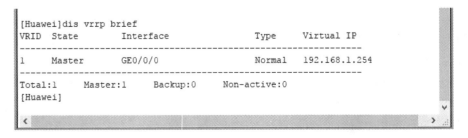

```
[Huawei]dis vrrp brief
VRID  State        Interface            Type     Virtual IP
----------------------------------------------------------------
1     Master       GE0/0/0              Normal   192.168.1.254
----------------------------------------------------------------
Total:1    Master:1    Backup:0    Non-active:0
[Huawei]
```

图 4-4　查看 R1 的 VRRP 的简要状态

正常情况下 PC 机能够 ping 通网关 192.168.1.254，因为 R1 是当前 VRRP 组的 Master 路由器。实际上报文是转发给了 R1 来处理，而当断开 R1 与交换机之间的链路时，PC 机依然能够 ping 通网关，是因为这时 R2 接替了 R1 的工作，成为 Master 路由器。

 任务总结

在路由器的一个端口上可以创建多个虚拟路由器，使得该路由器既可以在一个虚拟路由器中作为 Master 路由器，同时也可以在其他的虚拟路由器中作为 Backup 路由器，这就是负载分担的方式。需要注意，在配置过程中，需要为路由器端口配置 IP 地址，但该 IP 地址不是网关地址，网关地址需要通过 VRRP 添加。

 任务拓展

完成在路由器上配置 VRRP，4 台 PC 机划分了两个网关，实现流量的分担，IP 规划如图 4-5 所示。

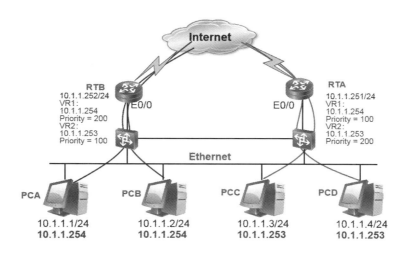

图 4-5　VRRP 配置拓扑

要求：

(1) 在 RTA 和 RTB 组成 2 组 VRRP，其中一组 VRRP 的虚拟 IP 地址为 10.1.1.254，且 RTB 为该组的 Master 路由器；另外一组的虚拟 IP 地址为 10.1.1.253，且 RTA 为该组的 Master 路由器。

(2) 正常情况下 PCA 和 PCB 的流量走 RTB，PCC 和 PCD 的流量走 RTA。

(3) 完成配置后，断开任意交换机与路由之间的线路，PC 依然能够 ping 通网关地址，且 PC 机间能够互通。

任务 2　华为路由器子接口上的 VRRP 配置

 任务描述

某小型公司使用路由器作为服务器的网关，网络运行中路由器发生故障，导致服务器不可访问。为了提升网络的稳定性，网络工程师建议在路由器子接口上配置 VRRP 功能。请根据该公司网络现状，增加合适的设备，采用 VRRP 技术解决以上问题。

相关知识

前面已经介绍了子接口和 VRRP 相关知识，这里只介绍配置方法。

(1) 建立子接口 ID，例如 interface GE 0/0/0.10 用来创建路由子接口。

(2) 绑定 VLAN ID，例如 dot1q termination vid 10 使该子接口接受带有 VLAN tag 的报文，并进行三层转发。

(3) 广播生效，开启子接口广播功能(arp broadcast enable)。

(4) 配置 IP 地址，在子接口内为其配置 IP 地址。

(5) 配置虚拟网关，在子接口内配置 VRPP 组的虚拟网关。

(6) 配置优先级，在子接口内为 VRRP 组配置优先级，若不配置则默认优先级为 100。

实施步骤

1. 网络拓扑规划

采用 VRRP 协议配置路由器子接口，规划拓扑如图 4-6 所示，IP 地址如图中所示。

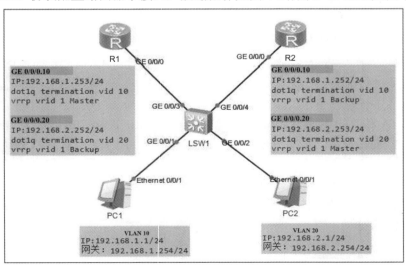

图 4-6　配置路由器子接口的 VRRP 拓扑

要求：

(1) VLAN10 及 VLAN20 用户的网关在路由器上，两台路由器各有一个接口连接到交换机上，因此需部署子接口分别对应 VLAN10 及 VLAN20。

(2) 为了提供网关冗余，在 R1 及 R2 上需部署 VRRP。

(3) 将 R1 对应 VLAN10 的子接口与 R2 对应 VLAN10 的子接口加入一个 VRRP 组，在该组中 R1 为 Master 路由器；将 R1 对应 VLAN20 的子接口与 R2 对应 VLAN20 的子接口加入另一个 VRRP 组，在该组中 R2 为 Master 路由器。

(4) 在网络正常的情况下，VLAN10 用户访问网关时，流量被传导到 R1 上，而 VLAN20 用户访问网关时，流量被引导到 R2 上，即可实现负载分担。

2. 路由器子接口的配置

R1 的配置如下：

首先在 GE 0/0/0 端口上创建一个子接口 GE 0/0/0.10，命令如下：

```
[R1] interface GigabitEthernet 0/0/0.10
[R1-GigabitEthernet 0/0/0.10] dot1q termination vid 10          #识别 VLAN10 的 Dot1q 封装
[R1-GigabitEthernet 0/0/0.10] arp broadcast enable
[R1-GigabitEthernet 0/0/0.10] ip address 192.168.1.253 24
[R1-GigabitEthernet 0/0/0.10] VRRP vrid 1 virtual-ip 192.168.1.254   #加入 VRRP 组 1
[R1-GigabitEthernet 0/0/0.10] VRRP vrid 1 priority 120          #组 1 的 VRRP 优先级为 120
[R1-GigabitEthernet 0/0/0.10] quit
```

然后在 GE 0/0/0 端口上创建另一个子接口 GE 0/0/0.20，命令如下：

```
[R1] interface GigabitEthernet 0/0/0.20
[R1-GigabitEthernet 0/0/0.20] dot1q termination vid 20          #识别 VLAN20 的 Dot1q 封装
[R1-GigabitEthernet 0/0/0.20] arp broadcast enable
[R1-GigabitEthernet 0/0/0.20] ip address 192.168.2.252 24
[R1-GigabitEthernet 0/0/0.20] VRRP vrid 2 virtual-ip 192.168.2.254   #加入 VRRP 组 2
[R1-GigabitEthernet 0/0/0.20] quit                             #组 2 的 VRPP 优先级默认为 100
```

R2 的配置命令如下：

```
[R2] interface GigabitEthernet 0/0/0.10
[R2-GigabitEthernet 0/0/0.10] dot1q termination vid 10          #识别 VLAN10 的 Dot1q 封装
[R2-GigabitEthernet 0/0/0.10] arp broadcast enable
[R2-GigabitEthernet 0/0/0.10] ip address 192.168.1.252 24
[R2-GigabitEthernet 0/0/0.10] VRRP vrid 1 virtual-ip 192.168.1.254   #加入 VRRP 组 1
[R2-GigabitEthernet 0/0/0.10] quit                             #组 1 的 VRRP 优先级默认为 100
[R2] interface GigabitEthernet 0/0/0.20
[R2-GigabitEthernet 0/0/0.20] dot1q termination vid 20          #识别 VLAN20 的 Dot1q 封装
[R2-GigabitEthernet 0/0/0.20] arp broadcast enable
```

[R2-GigabitEthernet 0/0/0.20] ip address 192.168.2.253 24

[R2-GigabitEthernet 0/0/0.20] VRRP vrid 2 virtual-ip 192.168.2.254　　#加入 VRRP 组 2

[R2-GigabitEthernet 0/0/0.20] VRRP vrid 2 priority 120

[R2-GigabitEthernet 0/0/0.20] quit

　　完成配置后，使用以下命令查看 R1 的 VRRP 状态，如图 4-7 所示。

[R1] dis vrrp brief

```
<Huawei>dis vrrp brief
Total:2      Master:1      Backup:1       Non-active:0
VRID  State         Interface              Type     Virtual IP
-------------------------------------------------------------
1     Master        GE0/0/0.10             Normal   192.168.1.254
2     Backup        GE0/0/0.20             Normal   192.168.2.254
<Huawei>
```

图 4-7　查看 R1 的 VRRP 状态信息

　　从图 4-7 可以看出，R1 的两个子接口分别加入了 VRRP 组 1 及 VRRP 组 2，GE 0/0/0.10 子接口是 VRRP 组 1 的 Master 路由器，而 GE 0/0/0.20 子接口连接的是 VRRP 组 2 的 Backup 路由器。同理，使用以下命令查看 R2 的 VRRP 状态信息，如图 4-8 所示。

[R2] dis vrrp brief

```
[Huawei]dis vrrp brief
Total:2      Master:1      Backup:1       Non-active:0
VRID  State         Interface              Type     Virtual IP
-------------------------------------------------------------
1     Backup        GE0/0/0.10             Normal   192.168.1.254
2     Master        GE0/0/0.20             Normal   192.168.2.254
[Huawei]
```

图 4-8　查看 R2 的 VRRP 状态信息

　　从图 4-8 可以看出，R2 的 VRRP 状态信息与 R1 刚好相反，因此 PC1(VLAN10 用户)访问网关时，流量是被引导到了 R1 上，而 PC2(VLAN20 用户)访问网关时，流量被引导到了 R2 上，实现了负载分担。

任务总结

　　在 VRRP 的配置过程中，首先要清楚路由器的哪个子接口是哪组 VRRP 的 Master 路由器，同时要区分子接口 IP 地址和虚拟网关的地址。

任务拓展

　　使用 VRRP 完成如图 4-9 所示路由器子接口的配置，IP 地址如图中所示。

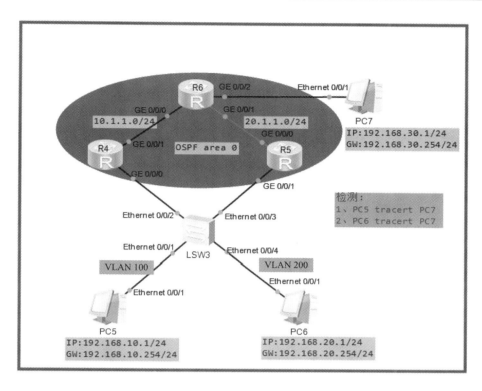

图 4-9　配置路由子接口的 VRRP 拓扑

要求：

(1) VLAN100 及 VLAN200 用户的网关在路由器上，两台路由器各有一个接口连接到交换机上，因此需部署子接口分别对应 VLAN100 及 VLAN200。

(2) 为了提供网关冗余，在 R4 及 R5 上需部署 VRRP。

(3) 将 R4 对应 VLAN100 的子接口与 R5 对应 VLAN100 的子接口加入一个 VRRP 组，在该组中 R4 为 Master 路由器；将 R4 对应 VLAN200 的子接口与 R5 对应 VLAN200 的子接口加入另一个 VRRP 组，在该组中 R5 为 Master 路由器。

(4) 在网络正常的情况下，VLAN100 用户访问网关时，流量被传导到 R4 上，而 VLAN200 用户访问网关时，流量则被引导到 R5 上，即可实现负载分担。

任务 3　华为三层交换机上的 VRRP 配置

 任务描述

某小型公司使用三层交换机作为服务器的网关，网络运行中交换机发生故障，导致服务器不可访问。为了提升网络的稳定性，网络工程师建议为交换机配置 VRRP 功能。请根据该公司网络现状，增加合适的设备，采用 VRRP 技术解决以上问题。

相关知识

前面已经介绍了三层交换机的相关知识,这里只介绍配置方法。

(1) 配置交换机的端口类型,为二层交换机和三层交换机配置端口类型;

(2) 配置三层交换机的 IP 地址,通过 VLANif 端口配置 IP 地址;

(3) 配置虚拟网关地址,在端口下配置 VRRP 组虚拟网关地址;

(4) 配置优先级,为 Master 路由器配置优先级(大于 100),Backup 路由器的优先级默认为 100。

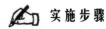 **实施步骤**

1. 网络拓扑规划

配置三层交换机的网络拓扑如图 4-10 所示,PC 机为 VLAN10 的用户;SW3 作为二层交换机使用,SW1 及 SW2 为汇聚层交换机,PC 机的网关在汇聚层交换机上。

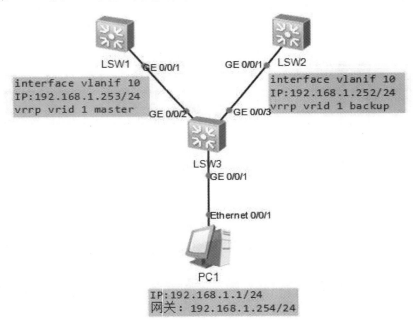

图 4-10　配置三层交换机的基础 VRRP 拓扑

要求:

(1) 在 SW3 上创建 VLAN10,将连接 PC 机的端口加入 VLAN10 中。

(2) 在 SW1 及 SW2 上创建 VLAN10,同时配置 VLANif 端口。

(3) 在 SW1 及 SW2 的 VLAN10 上分别配置 VRRP 组,VRRP 组的虚拟 IP 作为对应 VLAN 的用户网关(192.168.1.254),SW1 为 VRRP 组的 Master 路由器,SW2 为 VRRP 组的 Backup 路由器。

(4) 当 SW1 出故障时,要求 PC 机依然能够 ping 通网关 192.168.1.254。

2. 设备配置

配置接入交换机 SW3 的命令如下：

```
[SW3] vlan 10     #创建 VLAN10
[SW3-vlan10] quit
[SW3] interface GigabitEthernet 0/0/1
[SW3-GigabitEthernet 0/0/1] port link-type access        #配置 Access 端口并加入 VLAN10
[SW3-GigabitEthernet 0/0/1] port default vlan 10
[SW3] interface Gigabitethernet 0/0/22
[SW3-GigabitEthernet 0/0/22] port link-type trunk        #配置为 Trunk 并放行 VLAN10
[SW3-GigabitEthernet 0/0/22] port trunk allow-pass vlan 10
[SW3] interface GigabitEthernet 0/0/23
[SW3-GigabitEthernet 0/0/23] port link-type trunk        #配置为 Trunk 并放行 VLAN10
[SW3-GigabitEthernet 0/0/23] port trunk allow-pass vlan 10
```

配置汇聚层交换机 SW1 的命令如下：

```
[SW1] vlan 10
[SW1] interface GigabitEthernet 0/0/22
[SW1-GigabitEthernet 0/0/22] port link-type trunk
[SW1-GigabitEthernet 0/0/22] port trunk allow-pass vlan 10
[SW1] interface vlanif 10
[SW1-vlanif 10] ip address 192.168.1.253 24
[SW1-vlanif 10] VRRP vrid 1 virtual-ip 192.168.1.254     #group ID=1，与 SW2 一致
[SW1-vlanif 10] VRRP vrid 1 priority 120     #优先级为 120，成为 Master 路由器
```

配置汇聚层交换机 SW2 的命令如下：

```
[SW2] vlan 10
[SW2] interface GigabitEthernet 0/0/23
[SW1-GigabitEthernet 0/0/23] port link-type trunk
[SW1-GigabitEthernet 0/0/23] port trunk allow-pass vlan 10
[SW2] interface vlanif 10
[SW2-vlanif 10] ip address 192.168.1.252 24
[SW2-vlanif 10] VRRP vrid 1 virtual-ip 192.168.1.254        #group ID 与 SW1 保持一致
```

完成上述配置后，PC1 即可 ping 通自己的网关 192.168.1.254。使用"display vrrp"命令查看 SW1 的 VRRP 状态，如图 4-11 所示。

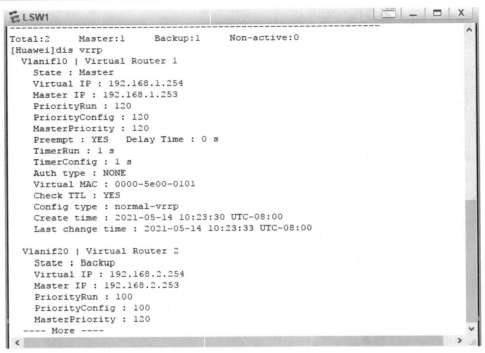

图 4-11   SW1 的 VRRP 状态信息

从图 4-11 可以看出，SW1 此刻为 Master 路由器，而 SW2 为 Backup 路由器状态，ping 通网关时实际响应的是 SW1 的 VLANif10。同理，查看 SW2 的 VRRP 状态，如图 4-12 所示。

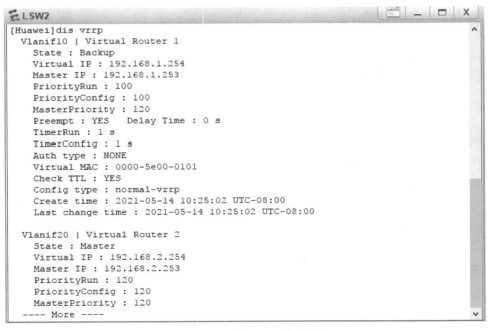

图 4-12   SW2 的 VRRP 状态信息

现用 SW1 的 VLANif 10 端口 shutDOWN 模拟 SW1 出现故障 DOWN 掉的情况。持续

在 PC 上 ping 通网关 192.168.10.254，发现当 SW1 挂掉时，PC 机还可以 ping 通网关，实际上 VRRP 组的 Master 路由器已经完成了切换，SW2 成为 Master 路由器。

 任务总结

配置 VRRP 时，group ID 在 Master 路由器和 Backup 路由器的设备上要保持一致，同时给 Master 路由器上设置的优先级要大于 100，Backup 路由器不配置优先级时，默认优先级为 100。

 任务拓展

使用 VRRP 完成如图 4-13 所示的拓扑。要求使用华为上联口检测功能保证交换机 7 和交换机 8 的上联链路在 DOWN 掉的情况下，PC5、PC6 依然能 ping 通 PC7。

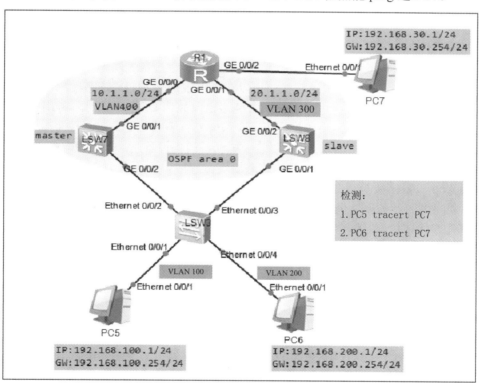

图 4-13　拓扑结构示意图

要求：

(1) 最终使 PC5、PC6 和 PC7 能够互通。

(2) shutDOWN 交换机 7 的 GE 0/0/2 后，PC5 和 PC7 依然能够互通。

(3) shutDOWN 交换机 8 的 GE 0/0/2 后，PC5 和 PC7 依然能够互通。

任务4　VRRP 与 BFD 联动实现快速切换

 任务描述

　　某公司使用交换机作为各部门不同网段的网关，如果主网关设备的上联口或链路出现故障 DOWN 掉时，该公司将无法与外界联系。请根据该公司出现的网络问题，采用 VRRP+BFD 技术重新配置设备，使设备在毫秒级内能快速恢复网络，以提高网络的安全性和可靠性。

 相关知识

1. VRRP+BFD 应用

　　当主设备的上联口或链路出现故障时，由于 VVRP 主设备无法感知，导致设备无法切换。为了实现链路出现故障时快速切换，可以在链路中部署 BFD 链路检测机制，并配置 VRRP 监视 BFD 会话，实现当主用端口或者链路出现故障 DOWN 掉时，备用设备能迅速切换为 Master 路由器，承担网络流量，以减少故障对业务传输的影响。

　　VRRP 备份组通过收发 VRRP 报文进行主设备和备设备状态的协商，以实现设备的冗余备份功能。当 VRRP 备份组之间的链路出现故障时，由于此时 VRRP 报文无法正常协商，Backup 设备需要等待 3 倍协商周期(通常为 3 s 左右)后才会切换为 Master 设备。在等待切换期间内，业务流量仍会发往 Master 设备，此时会造成业务流量丢失。

　　BFD 能够快速检测、监控网络中链路或者 IP 路由的连通状况，通过部署 VRRP 与 BFD 联动，可以使主设备和备用设备切换的时间控制在 1 s 以内，有效解决上述问题。通过在 Master 路由器和 Backup 路由器之间建立 BFD 会话并与 VRRP 备份组进行绑定，由 BFD 快速检测 VRRP 备份组的通信故障，并在出现故障时及时通知 VRRP 备份组进行主设备与备用设备之间的切换，从而大大减少应用中断时间。

2. 配置方法

　　(1) 配置 IP 地址，在端口下通过 VLANif 为三层交换机和路由器配置 IP 地址；

　　(2) 配置虚拟网关，在端口下分别为三层交换机配置 VRRP 组的虚拟网关；

　　(3) 在主交换机和路由器下分别配置 BFD；

　　(4) VRRP 与 BFD 联动，实现链路故障时 VRRP 备份组快速切换。

 实施步骤

1. 网络拓扑规划

　　网络拓扑如图 4-14 所示，其中，PC 机为 VLAN10 用户；SW3 作为二层交换机使用，SW1 及 SW2 作为汇聚层交换机；网络中有 VLAN10、VLAN100 和 VLAN200，分别对应的网段是 192.168.1.0/24、192.168.100.0/24 及 192.168.200.0/24。SW1 及 SW2 端口 IP 如图 4-14 所示。

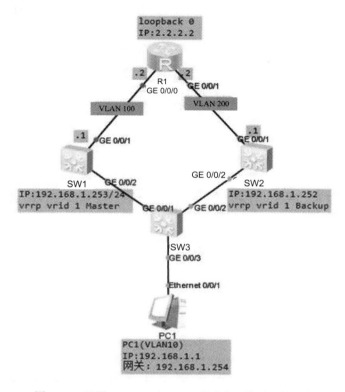

图 4-14　配置三 VRRP 与 BFD 联动实现快速切换拓扑

要求：

(1) 在 SW1、SW2 上创建 VLAN，同时配置 VLANif 端口，端口 IP 如图 4-14 所示。

(2) 在 SW1 的 VLANif 10 配置 VRRP 组，VRRP 组的虚拟 IP 作为对应 VLAN 的用户网关，SW1 的 VLANif 10 作为 VRRP 组的 Master 路由器。

(3) 在 SW2 的 VLANif 10 配置 VRRP 组，VRRP 组的虚拟 IP 作为对应 VLAN 的用户网关，SW1 的 VLANif 10 作为 VRRP 组的 Backup 路由器。

(4) 在 SW1 和 R1 之间建立 BFD，并在 SW1 的 VRRP 组中追踪，当链路出现故障时，优先级降低 30。

(5) 任意一台交换机发生故障时，PC 机可以 ping 通网关和 IP 地址 2.2.2.2。

2. 设备配置

SW1 的配置命令如下：

```
[Huawei]int g 0/0/1
[Huawei-GigabitEthernet 0/0/1]port link-type acess
[Huawei-GigabitEthernet 0/0/1]port default vlan 100
[Huawei]int g 0/0/2
[Huawei-GigabitEthernet 0/0/2]port link-type acess
```

```
[Huawei-GigabitEthernet 0/0/2]port default vlan 10
[Huawei-GigabitEthernet 0/0/2]int vlan 10
[Huawei-vlanif 10]ip add 192.168.1.253 24
[Huawei-vlanif 10]VRRP vrid 1 virtual-ip 192.168.1.254
[Huawei-vlanif 10]VRRP vrid 1 priority 120
[Huawei-vlanif 10]int vlan 100
[Huawei-vlanif 100]ip add 192.168.100.1 24
[Huawei-vlanif 100]q
[Huawei]bfd
[Huawei-bfd]q
[Huawei]bfd 1 bind peer-ip 192.168.100.2 source-ip 192.168.100.1 auto
[Huawei-bfd-session-1]commit
[Huawei]int vlan 10
[Huawei-vlanif 10]VRRP vrid 1 track bfd-session session-name 1 reduced 30
[Huawei-vlanif 10]q
[Huawei]ip route-static 0.0.0.0 0 192.168.100.2
```

交换机 SW2 的配置命令如下：

```
[Huawei]v b 10 200
[Huawei]in g 0/0/2
[Huawei-GigabitEthernet 0/0/2] link-type acess
[Huawei-GigabitEthernet 0/0/2]port default vlan 10
[Huawei-GigabitEthernet 0/0/2]in g0/0/1
[Huawei-GigabitEthernet 0/0/1]port link-type acess
[Huawei-GigabitEthernet 0/0/1]port de v 200
[Huawei-GigabitEthernet 0/0/1]in vlan 10
[Huawei-vlanif 10]ip add 192.168.1.252 24
[Huawei-vlanif 10]VRRP vrid 1 vir
[Huawei-vlanif 10]VRRP vrid 1 virtual-ip 192.168.1.254
[Huawei-vlanif 10]in vlan 200
[Huawei-vlanif 200]ip add 192.168.200.1 24
[Huawei-vlanif 200]q
[Huawei]ip route-static 0.0.0.0 0 192.168.200.2
```

路由器 R1 的配置命令如下：

```
[Huawei]in g 0/0/0
[Huawei-GigabitEthernet 0/0/0]ip add 192.168.100.2 24
[Huawei-GigabitEthernet 0/0/0]q
[Huawei]in g 0/0/1
[Huawei-GigabitEthernet 0/0/1]ip add 192.168.200.2 24
```

```
[Huawei-GigabitEthernet 0/0/1]q
[Huawei]in loopback 0
[Huawei-loopback 0]ip add 2.2.2.2 32
[Huawei-loopback 0]q
[Huawei]bfd
[Huawei-bfd]q
[Huawei]bfd bfd12 bind peer-ip 192.168.100.1 source-ip 192.168.100.2 auto
[Huawei-bfd-session-bfd12]com
[Huawei-bfd-session-bfd12]commit
[Huawei-bfd-session-bfd12]q
[Huawei]ip route-static 192.168.1.0 24 192.168.100.1
[Huawei]ip route-static 192.168.1.0 24 192.168.200.1
```

完成配置后，使用以下命令查看交换机 SW1 的 VRRP 状态信息，如图 4-15 所示，可以看出，SW1 为 Master 路由器状态。

[SW1] display VRRP

```
[Huawei]dis vrrp
 Vlanif10 | Virtual Router 1
   State : Master
   Virtual IP : 192.168.1.254
   Master IP : 192.168.1.253
   PriorityRun : 120
   PriorityConfig : 120
   MasterPriority : 120
   Preempt : YES   Delay Time : 0 s
   TimerRun : 1 s
   TimerConfig : 1 s
   Auth type : NONE
   Virtual MAC : 0000-5e00-0101
   Check TTL : YES
   Config type : normal-vrrp
   Track BFD : 1  Priority reduced : 30
   BFD-session state : UP
   Create time : 2021-05-17 16:17:24 UTC-08:00
   Last change time : 2021-05-17 16:40:43 UTC-08:00

[Huawei]
```

图 4-15　查看 SW1 的 VRRP 状态信息

同时，使用以下命令查看 SW1 的 BFD 的状态信息，如图 4-16 所示，可以看出 BFD 是 Up 状态。

[SW1] display BFD SESSION ALL

```
[Huawei]dis bfd session all
--------------------------------------------------------------------
Local Remote     PeerIpAddr      State    Type       InterfaceName
--------------------------------------------------------------------
8192  8192       192.168.100.2   Up       S_AUTO_PEER    -
--------------------------------------------------------------------
    Total UP/DOWN Session Number : 1/0
[Huawei]
```

图 4-16　查看 SW1 的 BFD 状态信息

为了检测配置 BFD 协议的有效性，将 R1 的 GE 0/0/0 端口 ShutDOWN，SW1 的链路不通，此时 SW1 的 VRRP 状态信息如图 4-17 所示，可以看到 VRRP 组已经变为了 Backup 路由器状态。

[SW1] display VRRP

```
[Huawei]dis vrrp
 Vlanif10 | Virtual Router 1
   State : Backup
   Virtual IP : 192.168.1.254
   Master IP : 192.168.1.252
   PriorityRun : 90
   PriorityConfig : 120
   MasterPriority : 100
   Preempt : YES    Delay Time : 0 s
   TimerRun : 1 s
   TimerConfig : 1 s
   Auth type : NONE
   Virtual MAC : 0000-5e00-0101
   Check TTL : YES
   Config type : normal-vrrp
   Track BFD : 1  Priority reduced : 30
   BFD-session state : DOWN
   Create time : 2021-05-17 16:17:24 UTC-08:00
   Last change time : 2021-05-17 17:26:54 UTC-08:00

[Huawei]
```

图 4-17 关闭 R1 接口后 SW1 的 VRRP 状态

R1 的端口 DOWN 掉后，SW1 的 BFD 状态已经变为 DOWN 状态，如图 4-18 所示。

[SW1] display BFD session all

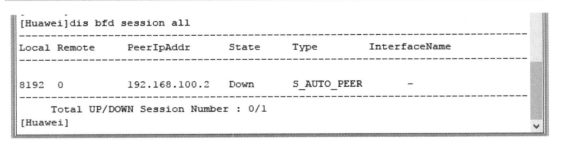

图 4-18 关闭 R1 端口后 SW1 的 BFD 状态

此时检测 PC 机与 2.2.2.2 之间能够 ping 通，说明 BFD 能在链路出现故障时，及时切换到备份设备上。

 任务总结

当 SW1 或 SW2 间链路出现故障时，VRRP 报文协商需要一定的协商周期。为了实现链路故障时快速切换，在链路中部署了 BFD 链路检测机制，实现当主用端口或者链路出现 DOWN 掉时，备用设备迅速切换为 Master 路由器，承担网络流量，以减少故障对业务传输的影响。

任务拓展

使用 VRRP 完成如图 4-13 所示的配置,IP 地址如图中所示。使用 BFD 与 VVRP 联动技术保证在交换机 7 和交换机 8 的上端链路 DOWN 掉时,所有 PC 机之间依然能互通。

要求:

(1) 在 SW7、SW8 上创建 VLAN,同时配置 VLANif 端口,端口 IP 如图 4-13 所示。

(2) 在 SW7 的 VLANif 100 配置 VRRP 组,VRRP 组的虚拟 IP 作为对应 VLAN 的用户网关,SW8 的 VLANif 100 作为 VRRP 组的 Master 路由器。

(3) 在 SW8 的 VLANif 100 配置 VRRP 组,VRRP 组的虚拟 IP 作为对应 VLAN 的用户网关,SW7 的 VLANif 200 作为 VRRP 组的 Backup 路由器。

(4) 在 SW1 和 R1 之间建立 BFD 协议,并在 SW1 的 VRRP 组中追踪,当链路出现故障时,优先级降低 30。

(5) 任意一台交换机发生故障时,PC 机可以 ping 通网关和 192.168.30.1。

任务 5　VRRP+MSTP 的典型组网

 任务描述

某公司采用交换机 A 转发教务处和学生处的流量,交换机 B 转发行政处和财务处的流量,两台汇聚层交换机互为备份设备,接入设备连接用户的下联端口,防止潜在的回路(LOOP);同时开启监控主设备上行链路端口的功能,一旦该链路失效,备份设备变换为主设备,汇聚层设备互联之间部署聚合口。请根据要求重新配置设备,以提高网络的可靠性。

 相关知识

1. VRRP+MSTP 作用

为提高网络的可靠性,采用双汇聚+双核心的双归链路来提高网络的可靠性(链路级及设备级的负载均衡及冗余备份)。利用 MSTP(多生成树协议)+VRRP(虚拟路由冗余协议)提高网络可靠性,实现冗余备份的同时,还可实现负载均衡。MSTP 中创建多个生成树实例,实现 VLAN 间负载均衡,以及不同 VLAN 的流量按照不同的路径转发。VRRP 中创建多个备份组,各备份组指定不同的 Master 路由器与 Backup 路由器,实现虚拟路由的负载均衡。

2. 配置方法

(1) 配置交换机端口,配置交换机的端口类型,并配置成允许通过 VLAN。

(2) 配置 MSTP,在二层交换机和三层交换机上配置 MSTP,二层交换机的优先级采用默认优先级 32768;三层交换机主根的优先级配置为 0,次根的优先级配置为 4096。

(3) 配置 VRRP,在三层交换机上通过 VLANif 为其配置 IP 地址,在端口下再为不同的 VRRP 组配置虚拟网关以及 VRRP 组的优先级。

 **实施步骤**

1. 网络拓扑规划

MSTP + VRRP 组网拓扑如图 4-19 所示，IP 地址已在拓扑图中规划好，具体如下：

(1) VLAN10 对应的网段为 192.168.10.0/24；

(2) VLAN20 对应的网段为 192.168.20.0/24；

(3) VLAN30 对应的网段为 192.168.30.0/24；

(4) VLAN40 对应的网段为 192.168.40.0/24；

(5) 各 VLAN 的网关均为 .254 的地址，该地址为 VRRP 组的虚拟地址；

(6) SW1 的 VLANif 10 和 VLANif 20 地址分别为：192.168.10.253、192.168.20.253；

(7) SW1 的 VLANif 30 和 VLANif 40 地址分别为：192.168.30.252、192.168.40.252；

(8) SW2 的 VLANif 10 和 VLANif 20 地址分别为：192.168.10.252、192.168.20.252；

(9) SW2 的 VLANif 30 和 VLANif 40 地址分别为：192.168.30.253、192.168.40.253。

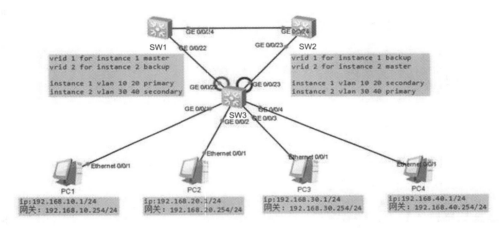

图 4-19   MSTP+VRRP 组网拓扑

要求：

(1) 使用 MSTP 实现环路避免，同时实现负载分担。

(2) 将 VLAN10、VLAN20 映射到 MSTP 实例 1，将 VLAN30、VLAN40 映射到 MSTP 实例 2。

(3) MSTP 实例 1 Block 掉的端口为 SW3 的 GE 0/0/23，实例 2 Block 掉的端口为 SW2 的 GE 0/0/22。

(4) 为了提高网络的网关层冗余能力，在 SW1 及 SW2 的 VLANif 10、VLANif 20、VLANif 30、VLANif 40 上部署 4 组 VRRP，而 VRRP 的 Master 路由器及 Backup 路由器需与 MSTP 的主根、备根重叠，也就是说 SW1 的 VLANif 10 及 VLANif 20 为各自 VRRP 组的 Master 路由器，VLANif 30 及 VLANif 40 为各自 VRRP 组的 Backup 路由器；SW2 则相反。

2. 设备配置

SW3 的配置命令如下：

```
[SW3] vlan batch 10 20 30 40
[SW3] interface GigabitEthernet 0/0/22
[SW3-GigabitEthernet 0/0/22] port link-type trunk
[SW3-GigabitEthernet 0/0/22] port trunk allow-pass vlan 10 20 30 40
[SW3] interface GigabitEthernet 0/0/23
[SW3-GigabitEthernet 0/0/23] port link-type trunk
[SW3-GigabitEthernet 0/0/23] port trunk allow-pass vlan 10 20 30 40
```

配置 MSTP 时，将 VLAN10 和 VLAN20 映射到实例 1，将 VLAN30 和 VLAN40 映射到实例 2，在 SW3 上，MSTP 实例 1 及实例 2 的优先级保持默认值 32 768，命令如下：

```
[SW3] stp mode mstp
[SW3] stp region-configuration
[SW3-mst-region] region-name huawei
[SW3-mst-region] instance 1 vlan 10 20
[SW3-mst-region] instance 2 vlan 30 40
[SW3-mst-region] active region-configuration
[SW3-mst-region] quit
[SW3] stp instance 1 priority 32768
[SW3] stp instance 2 priority 32768
[SW3] stp enable
```

SW1 的配置命令如下：

```
[SW1] vlan batch 10 20 30 40
[SW1] interface GigabitEthernet 0/0/24
[SW1-GigabitEthernet 0/0/24] port link-type trunk
[SW1-GigabitEthernet 0/0/24] port trunk allow-pass vlan 10 20 30 40
[SW1] interface GigabitEthernet 0/0/22
[SW1-GigabitEthernet 0/0/22] port link-type trunk
[SW1-GigabitEthernet 0/0/22] port trunk allow-pass vlan 10 20 30 40
```

配置 MSTP 时，将 VLAN10 和 VLAN20 映射到实例 1，将 VLAN30 和 VLAN40 映射到实例 2，将 SW1 的 MSTP 设置为实例 1 的主根，实例 2 的次根。

```
[SW1] stp mode mstp
[SW1] stp region-configuration
[SW1-mst-region] region-name huawei
[SW1-mst-region] instance 1 vlan 10 20
[SW1-mst-region] instance 2 vlan 30 40
[SW1-mst-region] active region-configuration
```

```
[SW1-mst-region] quit
[SW1] stp instance 1 root primary
[SW1] stp instance 2 root secondary
[SW1] stp enable
```

配置 VLANif 10、VLANif 20、VLANif 30、VLANif 40，分别加入 VRRP 组 1、VRRP 组 2、VRRP 组 3、VRRP 组 4，其中 SW1 为 VRRP 组 1 及 VRRP 组 2 的 Master 路由器，为 VRRP 组 3 及 VRRP 组 4 的 Backup 路由器，命令如下：

```
[SW1] interface vlanif 10
[SW1-vlanif 10] ip address 192.168.10.253 255.255.255.0
[SW1-vlanif 10] VRRP vrid 1 virtual-ip 192.168.10.254
[SW1-vlanif 10] VRRP vrid 1 priority 120
[SW1-vlanif 10] VRRP vrid 1 preempt-mode timer delay 20
[SW1] interface vlanif 20
[SW1-vlanif 20] ip address 192.168.20.253 255.255.255.0
[SW1-vlanif 20] VRRP vrid 2 virtual-ip 192.168.20.254
[SW1-vlanif 20] VRRP vrid 2 priority 120
[SW1-vlanif 20] VRRP vrid 2 preempt-mode timer delay 20
[SW1] interface vlanif 30
[SW1-vlanif 30] ip address 192.168.30.252 255.255.255.0
[SW1-vlanif 30] VRRP vrid 3 virtual-ip 192.168.30.254
[SW1] interface vlanif 40
[SW1-vlanif 40] ip address 192.168.40.252 255.255.255.0
[SW1-vlanif 40] VRRP vrid 4 virtual-ip 192.168.40.254
```

SW2 的配置命令如下：

```
[SW2] vlan batch 10 20 30 40
[SW2] interface GigabitEthernet 0/0/24
[SW2-GigabitEthernet 0/0/24] port link-type trunk
[SW2-GigabitEthernet 0/0/24] port trunk allow-pass vlan 10 20 30 40
[SW2] interface GigabitEthernet 0/0/23
[SW2-GigabitEthernet 0/0/23] port link-type trunk
[SW2-GigabitEthernet 0/0/23] port trunk allow-pass vlan 10 20 30 40
```

配置 MSTP，将 VLAN10 和 VLAN20 映射到实例 1，将 VLAN30 和 VLAN 40 映射到实例 2，将 SW1 的 MSTP 设置为实例 2 的主根，实例 1 的次根，命令如下：

```
[SW2] stp mode mstp
[SW2] stp region-configuration
[SW2-mst-region] region-name huawei
[SW2-mst-region] instance 1 vlan 10 20
```

```
[SW2-mst-region] instance 2 vlan 30 40
[SW2-mst-region] active region-configuration
[SW2-mst-region] quit
[SW2] stp instance 1 root secondary
[SW2] stp instance 2 root primary
[SW2] stp enable
```

配置 VLANif 10、VLANif 20、VLANif 30、VLANif 40，分别加入 VRRP 组 1、VRRP 组 2、VRRP 组 3、VRRP 组 4，其中 SW1 为 VRRP 组 3 及 VRRP 组 4 的 Master 路由器，为 VRRP 组 1 及 VRRP 组 2 的 Backup 路由器，命令如下：

```
[SW2] interface vlanif 10
[SW2-vlanif 10] ip address 192.168.10.252 255.255.255.0
[SW2-vlanif 10] VRRP vrid 1 virtual-ip 192.168.10.254
[SW2] interface vlanif 20
[SW2-vlanif 20] ip address 192.168.20.252 255.255.255.0
[SW2-vlanif 20] VRRP vrid 2 virtual-ip 192.168.20.254
[SW2] interface vlanif 30
[SW2-vlanif 30] ip address 192.168.30.252 255.255.255.0
[SW2-vlanif 30] VRRP vrid 3 virtual-ip 192.168.30.254
[SW2-vlanif 30] VRRP vrid 3 priority 120
[SW2] interface vlanif 40
[SW2-vlanif 40] ip address 192.168.40.252 255.255.255.0
[SW2-vlanif 40] VRRP vrid 4 virtual-ip 192.168.40.254
[SW2-vlanif 40] VRRP vrid 4 priority 120
```

完成配置后，所有的 PC 机都能够 ping 通自己的网关。使用以下命令查看交换机 SW3 的 STP 状态，如图 4-20 所示。从图 4-20 可以看出，MSTP 实例 1 中被 Block 掉的端口是 GE 0/0/23 端口，MSTP 实例 2 中被 Block 掉的端口是 GE 0/0/22 端口。

```
[SW3] display stp brief
```

```
[Huawei]dis stp brief
 MSTID   Port                        Role   STP State     Protection
   0     GigabitEthernet0/0/22       DESI   FORWARDING    NONE
   0     GigabitEthernet0/0/23       DESI   FORWARDING    NONE
   1     GigabitEthernet0/0/22       ROOT   FORWARDING    NONE
   1     GigabitEthernet0/0/23       ALTE   DISCARDING    NONE
   2     GigabitEthernet0/0/22       ALTE   DISCARDING    NONE
   2     GigabitEthernet0/0/23       ROOT   FORWARDING    NONE
[Huawei]
```

图 4-20　查看 SW3 的 STP 状态

使用以下命令查看 SW1 的 VRRP 状态信息，如图 4-21 所示。从图 4-21 可以看出，SW1 为 VRRP 组 1 及 VRRP 组 2 的 Master 路由器，同时也为 VRRP 组 3 和 VRRP 组 4 的 Backup

路由器。

```
[SW1] display VRRP brief

VRID   State       Interface             Type      Virtual IP
--------------------------------------------------------------------
1      Master      Vlanif10              Normal    192.168.10.254
2      Master      Vlanif20              Normal    192.168.20.254
3      Backup      Vlanif30              Normal    192.168.30.254
4      Backup      Vlanif40              Normal    192.168.40.254
--------------------------------------------------------------------
Total:4     Master:2     Backup:2     Non-active:0
```

图 4-21　查看 SW1 的 VRRP 状态信息

 任务总结

在配置过程中，需要创建生成树实例，且配置优先级分别互为主根和次根；创建
VRRP 组时，两台三层交换机分别为 Master 路由器和 Backup 路由器，这样就实现了双
机热备。

 任务拓展

使用 VRRP+MSTP 完成如图 4-22 所示的配置，图中 IP 地址已规划好。

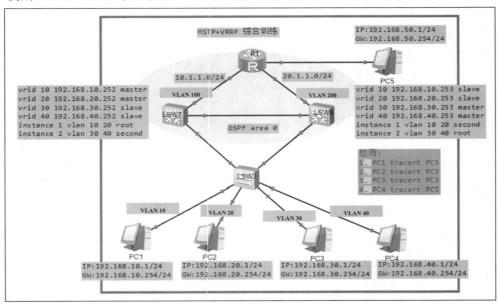

图 4-22　配置拓扑

要求：

(1) 要求 PC1～PC4 能与 PC5 互通。

(2) 若 LSW7 或 LSW8 中有一条链路断掉，PC1～PC4 依然能与 PC5 互通。

(3) 查询 VRRP 和 STP 的状态信息。

项目五　防火墙技术与应用

在网络中，防火墙是指一种将内部网与公众访问网(如 Internet)分开的方法，它实际上是一种隔离技术。防火墙是在两个网络通信时执行的一种访问控制尺度，它能允许你"同意"的人和数据进入你的网络，同时将你"不同意"的人和数据拒之门外，最大限度地阻止网络中的黑客访问你的网络。换句话说，如果不通过防火墙，公司内部主机将无法访问 Internet。防火墙具有很好的保护作用。本项目将防火墙技术与应用分为 2 个任务，具体如下：

任务 1　华为防火墙基础配置。

任务 2　Eudemon 防火墙 NAT 配置。

任务 1　华为防火墙基础配置

 任务描述

随着教育信息化的加速，高校网络建设日趋完善，在畅享校园丰富网络资源的同时，校园网络的安全问题也逐渐凸显。在校园网出口部署防火墙，可帮助高校网络降低安全威胁，实现有效的网络管理。请根据网络相关需求，完成防火墙的配置，进一步保障网络的可靠性。

 相关知识

1. 防火墙基础知识

防火墙一般有 Trust、Untrust、DMZ 三种安全区，但这并不意味着有三个区域(简称域)，因防火墙具有多个端口，每个端口都可自定义安全区，也就意味着具备多个安全区。例如，有两条互联网链路(联通和电信)，这就是两个 Untrust 域；内网服务器接入 DMZ 域；局域网接入防火墙两个端口，ID 分别为 192.168.1.0 和 192.168.2.0，这就是两个 Trust 域。

域等级的关系是 Local>Trust>DMZ>Untrust，自定义的域的优先级是可以调节的，域与域之间如果不做策略，则默认是 deny 的，即任何数据如果不做策略是通不过的，如果是在同一区域的就相当于二层交换机一样直接转发。

2. inbound(入站)和 outbound(出站)

域与域之间有 inbound 和 outbound 区分。华为定义了优先级低的域向优先级高的域发送数据是 inbound，反之就是 outbound。例如，要在 Untrust 和 Trust 两个域之间做 inbound 和 outbound 策略：

policy interzone trust untrust inbound //Untrust 是源，Trust 是目标(低优先级向高优先级)；

policy interzone trust untrust outbound//Trust 是源，Untrust 是目标(高优先级向低优先级)。

定义 inbound 和 outbound 是为了单向限制某些行为，因此防火墙比路由器能做到更细化的策略。

3. 配置方法

(1) 配置防火墙端口，为防火墙的端口配置 IP 地址。

(2) 向安全区域中添加端口，分别在 Trust 域、Untrust 域、DMZ 域中添加对应端口。

(3) 配置安全策略，需要考虑方向，访问服务器还需要添加服务类型。

实施步骤

1. 网络拓扑规划

防火墙基础配置拓扑如图 5-1 所示，图中已经规划好 IP 地址。

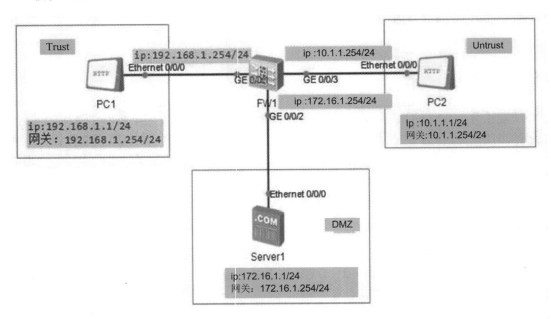

图 5-1 防火墙基础配置拓扑

要求：

(1) 配置防火墙三个端口并将这三个端口划入相应的安全区域。

(2) 配置防火墙的区域间策略，使得 PC1 能够主动发起访问并 ping 通 PC2，但是 PC2 无法主动 ping 通 PC1，PC2 能够主动发起访问 WebServer 的 Web 服务。

2. 实验步骤及配置

防火墙 FW 的配置命令如下:

```
[FW] interface GigabitEthernet 0/0/1
[FW-GigabitEthernet 0/0/1] ip address 192.168.1.254 24
[FW] interface GigabitEthernet 0/0/2
[FW-GigabitEthernet 0/0/2] ip address 172.16.1.254 24
[FW] interface GigabitEthernet 0/0/3
[FW-GigabitEthernet 0/0/3] ip address 10.1.1.254 24
[FW] firewall zone trust              #向安全区域中添加端口
[FW-zone-trust] add interface GigabitEthernet 0/0/1
[FW] firewall zone untrust
[FW-zone-untrust] add interface GigabitEthernet 0/0/3
[FW] firewall zone dmz
[FW-zone-dmz] add interface GigabitEthernet 0/0/2
```

使用以下命令配置区域间策略(policy interzone),使得 Trust 域的 192.168.1.0/24 网段用户能够访问 Untrust 域的 10.1.1.0/24 网段。

```
[FW] policy interzone trust untrust outbound
[FW-policy-interzone-trust-untrust-outbound] policy 0
[FW-policy-interzone-trust-untrust-outbound-0] policy destination 10.1.1.0 0.0.0.255
[FW-policy-interzone-trust-untrust-outbound-0] policy source 192.168.1.0 0.0.0.255
[FW-policy-interzone-trust-untrust-outbound-0] action permit
```

使用以下命令配置区域间策略,使 Untrust 域 10.1.1.0/24 网段用户能访问 DMZ 域。

```
[FW] policy interzone dmz untrust inbound
[FW-policy-interzone-dmz-untrust-inbound] policy 0
[FW-policy-interzone-dmz-untrust-inbound-0] policy source 10.1.1.0 0.0.0.255
[FW-policy-interzone-dmz-untrust-inbound-0] policy destination 172.16.1.0 0.0.0.255
[FW-policy-interzone-dmz-untrust-inbound-0] policy service service-set http
[FW-policy-interzone-dmz-untrust-inbound-0] action permit
```

完成上述配置后,PC1 即可向 PC2 主动发起访问,而 PC2 无法主动访问 PC1;另外,PC2 能够访问 WebServer 的 HTTP 服务。通过以下命令,查看防火墙区域信息,如图 5-2 所示。图中显示了安全区域、安全等级以及每个安全区域下的端口信息。

```
[FW] display zone
```

```
[SRG]display zone
11:16:03  2021/06/01
local
 priority is 100
#
trust
 priority is 85
 interface of the zone is (2):
    GigabitEthernet0/0/0
    GigabitEthernet0/0/1
#
untrust
 priority is 5
 interface of the zone is (1):
    GigabitEthernet0/0/3
#
dmz
 priority is 50
 interface of the zone is (1):
    GigabitEthernet0/0/2
```

图 5-2　查看防火墙的区域信息

使用以下命令，查看防火墙的默认安全策略，如图 5-3 所示。

[FW] display firewall packet-filter default all

```
[SRG]display firewall packet-filter default all
11:16:49  2021/06/01
Firewall default packet-filter action is:
----------------------------------------------------------------------

  packet-filter in public:
    local -> trust :
      inbound  : default: permit; || IPv6-acl: null
      outbound : default: permit; || IPv6-acl: null
    local -> untrust :
      inbound  : default: deny; || IPv6-acl: null
      outbound : default: permit; || IPv6-acl: null
    local -> dmz :
      inbound  : default: deny; || IPv6-acl: null
      outbound : default: permit; || IPv6-acl: null
    trust -> untrust :
      inbound  : default: deny; || IPv6-acl: null
      outbound : default: deny; || IPv6-acl: null
    trust -> dmz :
      inbound  : default: deny; || IPv6-acl: null
      outbound : default: deny; || IPv6-acl: null
    dmz -> untrust :
      inbound  : default: deny; || IPv6-acl: null
      outbound : default: deny; || IPv6-acl: null

  packet-filter between VFW:
[SRG]
[SRG]
```

图 5-3　查看防火墙的安全策略

从图 5-3 中可以看到，Local→Trust 的 inbound 及 outbound 都是 permit，因此即使没有显式配置 Local 及 Trust 域的区域间策略，但由于默认的策略是放行，因此 Trust 域的用户可以 ping 通防火墙的端口。

使用以下命令，查看定义的区域间安全策略，如图 5-4、图 5-5 所示。

[FW] display policy interzone trust untrust outbound

```
[SRG]
[SRG]display policy interzone trust untrust outbound
11:18:28  2021/06/01
policy interzone trust untrust outbound
 firewall default packet-filter is deny
 policy 0 (0 times matched)
  action permit
  policy service service-set ip
  policy source 192.168.1.0 0.0.0.255
  policy destination 10.1.1.0 0.0.0.255

[SRG]
```

图 5-4　查看定义的区域间安全策略(outbound)

[FW] display policy interzone dmz untrust inbound

```
[SRG]display policy interzone dmz untrust inbound
11:19:05  2021/06/01
policy interzone dmz untrust inbound
 firewall default packet-filter is deny
 policy 0 (0 times matched)
  action permit
  policy service service-set http (predefined)
  policy source 10.1.1.0 0.0.0.255
  policy destination 172.16.1.0 0.0.0.255

[SRG]
```

图 5-5　查看定义的区域间安全策略(inbound)

 任务总结

当数据包经过防火墙且从一个安全区域试图访问另一个安全区域时，防火墙会根据数据包的流向，首先检查用户定义的 policy interzone，如果没有自定义的 policy interone，则会根据防火墙的默认安全策略进行处理。

如果要让防火墙默认放行所有安全区域间的流量，可以使用 firewall packet-filter default permit all 命令。需要注意的是，在网络正式投入使用之前，此命令必须关闭，对于需要放行的流量，可通过 policy interzone 的配置来放行。

 任务拓展

拓扑图如图 5-6 所示，图中已规划好 IP 地址，请按要求完成配置。

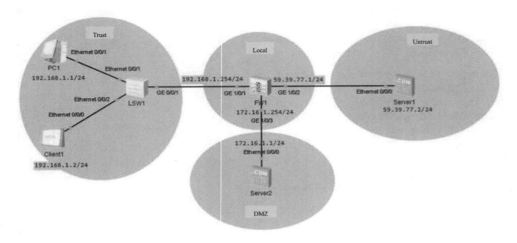

图 5-6　配置拓扑

要求：

(1) 为防火墙的三个端口配置地址，并划入相应的安全区域。

(2) PC1 能主动向 Server1 发起访问，而 Client1 不能向 Server1 发起访问，但可以主动向 Server2 发起访问；Server1 可以主动向 Server2 发起访问。

任务 2　Eudemon 防火墙 NAT 配置

 任务描述

防火墙(Fire Wall，FW)可以部署在校园网出口，帮助高校降低安全威胁，实现有效的网络管理。但由于防火墙的功能也导致了校园网不能随意访问外网，在访问外网时需要使用 NAT 进行地址转换。请完成防火墙的 NAT 配置，实现网络设备在保证网络安全的同时能够自由访问外网。

 相关知识

1. NAT 概述

网络地址转换(Network Address Translation，NAT)是将 IP 数据报报头中的 IP 地址转换为另一个 IP 地址的过程。在实际应用中，NAT 主要用于实现私有网络访问外部网络的功能。NAT 实现过程中使用少量的公有 IP 地址代表多数的私网 IP 地址的方式将有助于减缓可用 IP 地址空间枯竭的速度，在为内部网络提供一种"隐私"保护的同时，还可以按照用户的需要为外部网络提供一定的服务。

2. 配置方法

(1) 配置防火墙端口，为防火墙端口配置 IP 地址。

(2) 配置安全区域，为安全区域添加端口。

(3) 配置区域间策略(同本项目任务 1)。

(4) 部署 NAT，定义和关联 NAT 地址访问池，再对匹配的流量执行源地址转换。

实施步骤

1. 网络拓扑规划

防火墙 NAT 配置拓扑如图 5-7 所示，设备的端口编号及 IP 已规划好，其中 PC1 及 WebServer 使用的都是私网 IP 地址空间；客户端(Client)模拟 Internet 的一台 PC 机。

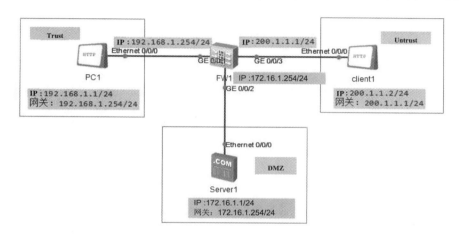

图 5-7　配置防火墙 NAT 拓扑

需求：

(1) 为防火墙的三个端口配置地址，并划入相应的安全区域。

(2) 要求 PC1 能主动访问并 ping 通处于 Internet 的 PC2，但 PC2 无法主动访问并 ping 通 PC1。

(3) 处于 Internet 的 Client 能够访问 DMZ 域中的 WebServer 的 Web 服务。

2. 设备配置

防火墙的配置命令如下：

```
[FW] interface GigabitEthernet 0/0/1
[FW-GigabitEthernet 0/0/1] ip address 192.168.1.254 24
[FW] interface GigabitEthernet 0/0/2
[FW-GigabitEthernet 0/0/2] ip address 172.16.1.254 24
[FW] interface GigabitEthernet 0/0/3
[FW-GigabitEthernet 0/0/3] ip address 200.1.1.1 24
[FW] firewall zone trust                          #向安全区域中添加端口
[FW-zone-trust] add interface GigabitEthernet 0/0/1
[FW] firewall zone untrust
```

```
[FW-zone-untrust] add interface GigabitEthernet 0/0/3
[FW] firewall zone dmz
[FW-zone-dmz] add interface GigabitEthernet 0/0/2
```

使用以下命令配置区域间策略，使得 Trust 域的 192.168.1.0/24 网段用户能够访问 Internet。

```
[FW] policy interzone trust untrust outbound
[FW-policy-interzone-trust-untrust-outbound] policy 0
[FW-policy-interzone-trust-untrust-outbound-0] policy source 192.168.1.0 0.0.0.255
[FW-policy-interzone-trust-untrust-outbound-0] action permit
```

以上配置放开了 192.168.1.0/24 访问 Internet 的流量，但是由于 192.168.1.0/24 是私网 IP 地址，不能进入公网，因此为了让这部分用户能够访问公网，还必须部署 NAT，命令如下：

```
[FW] nat address-group 1 200.1.1.10 200.1.1.20    #定义 NAT 地址池，该地址池使用的公网地址区间
                                                  #是 200.1.1.10 到 200.1.1.20
[FW]nat-policy interzone trust untrust outbound
[FW-nat-policy-interzone-trust-untrust-outbound] policy 0
[FW-nat-policy-interzone-trust-untrust-outbound-0] address-group 1    #关联 nat 地址池 1
[FW-nat-policy-interzone-trust-untrust-outbound-0] policy source 192.168.1.0 0.0.0.255
[FW-nat-policy-interzone-trust-untrust-outbound-0] action source-nat #对匹配的流量执行源地址转换
```

配置区域间策略，使得 Untrust 域的 Internet 用户能够访问 DMZ 域的 Web 服务，命令如下：

```
[FW] policy interzone dmz untrust inbound
[FW-policy-interzone-dmz-untrust-inbound] policy 0
[FW-policy-interzone-dmz-untrust-inbound-0] policy destination 172.16.1.0 0.0.0.255
[FW-policy-interzone-dmz-untrust-inbound-0] policy service service-set http
[FW-policy-interzone-dmz-untrust-inbound-0] action permit
[FW-policy-interzone-dmz-untrust-inbound-0] quit
[FW-policy-interzone-dmz-untrust-inbound] quit
```

完成上述配置后，Internet 用户依然无法访问 WebServer，因为 WebServer 是私网 IP 地址，还需要配置 NAT Server，将 DMZ 域内的 WebServer 映射到公网。

执行以下命令，将私网 IP 地址 172.16.1.1 的 80 端口映射到 Untrust 域所在的公网的 200.1.1.100 的 80 端口，当公网用户访问 200.1.1.100 的 80 端口服务时，实际上访问的就是私网 IP172.16.1.1 的 80 端口。

```
[FW] nat server zone untrust protocol tcp global 200.1.1.21 80 inside 172.16.1.1 80
```

完成以上配置后，PC1 就可使用目的地址 200.1.1.21 访问 WebServer 了。当 ping 通 Client1 时，执行以下命令查看防火墙上的会话信息，如图 5-8 所示。

```
[FW]display firewall session table
```

```
[SRG]display firewall session table
11:54:10  2021/05/30
 Current Total Sessions : 5
  icmp  VPN:public --> public 192.168.1.1:29196[200.1.1.15:2053]-->200.1.1.2:204
8
  icmp  VPN:public --> public 192.168.1.1:29452[200.1.1.15:2054]-->200.1.1.2:204
8
  icmp  VPN:public --> public 192.168.1.1:29708[200.1.1.15:2055]-->200.1.1.2:204
8
  icmp  VPN:public --> public 192.168.1.1:29964[200.1.1.15:2056]-->200.1.1.2:204
8
  icmp  VPN:public --> public 192.168.1.1:30220[200.1.1.15:2057]-->200.1.1.2:204
8
```

图 5-8　查看防火墙的会话信息

当 Client1 访问 Server 的 Web 时，在防火墙上可查看会话信息，如图 5-9 所示。

```
[SRG]display firewall session table
13:25:45  2021/05/30
 Current Total Sessions : 1
  http  VPN:public --> public 200.1.1.2:2069-->172.16.1.1:80
[SRG]display firewall session table
13:26:43  2021/05/30
 Current Total Sessions : 1
  http  VPN:public --> public 200.1.1.2:2070-->172.16.1.1:80
[SRG]
```

图 5-9　查看防火墙的会话信息

 任务总结

安全策略是按照一定规则控制设备对流量转发内容进行一次检测就能实现反病毒、入侵防御的策略。NAT 是一种地址转换技术，可以将 IPv4 报文头中的地址转换为另一个地址。通常情况下，利用 NAT 技术将 IPv4 报文头中的私网地址转换为公网地址，实现位于私网的多个用户使用少量的公网地址同时访问 Internet。因此，NAT 技术常用来解决随着 Internet 规模的日益扩大而带来的 IPv4 公网地址短缺的问题。

 任务拓展

安全策略配置拓扑图如图 5-10 所示，图中 IP 地址已规划好，请按要求完成配置。

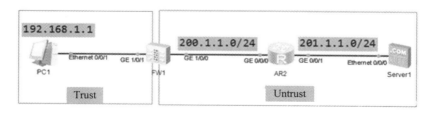

图 5-10　配置拓扑

要求：

(1) 为防火墙的三个端口配置地址，并划入相应的安全区域。

(2) PC1 能够访问 Server1，且 ping 通 Server1 的 IP 地址。

附录　BGP/MPLS IP VPN 典型配置

BGP/MPLS 及 VPN(虚拟专用网络)的配置拓扑如附图 1 所示，请按需求完成配置。

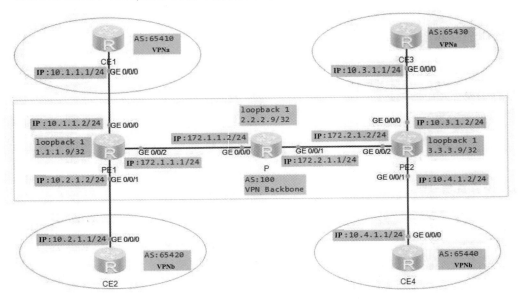

附图 1　BGP/MPLS 及 VPN 的配置拓扑

组网需求

(1) CE1 连接公司总部研发区，CE3 连接分支机构研发区，CE1 和 CE3 属于 VPN a。

(2) CE2 连接公司总部非研发区，CE4 连接分支机构非研发区，CE2 和 CE4 属于 VPN b。

(3) 公司要求通过部署 BGP/MPLS IP VPN，实现总部和分支机构的安全互通，同时要求研发区和非研发区间数据隔离。

配置方法

采用如下方法配置 BGP/MPLS IP VPN：

(1) P、PE 之间配置 OSPF 协议，实现骨干网的 IP 连通性。

(2) PE、P 上配置 MPLS 基本能力和 MPLS LDP，建立 MPLS LSP 公网隧道，传输 VPN

数据。

（3）PE1 和 PE2 上配置 VPN 实例，其中，VPN a 使用的 VPN-target 属性为 111:1，VPN b 使用的 VPN-target 属性为 222:2，以实现相同 VPN 间互通，不同 VPN 间隔离。同时，与 CE 相连的端口与相应的 VPN 实例绑定，以接入 VPN 用户。

（4）PE1 和 PE2 之间配置 MP-IBGP，交换 VPN 路由信息。

（5）CE 与 PE 之间配置 EBGP，交换 VPN 路由信息。

实施步骤

1. 在 MPLS 骨干网上配置 OSPF 协议，实现骨干网 PE 和 P 的互通

（1）配置 PE1，命令如下：

```
[Huawei] sysname PE1
[PE1] interface loopback 1
[PE1-loopback1] ip address 1.1.1.9 32
[PE1-LoopBack1] quit
[PE1] interface GigabitEthernet 3/0/0
[PE1-GigabitEthernet 0/0/2] ip address 172.1.1.1 24
[PE1-GigabitEthernet 0/0/2] quit
[PE1] ospf 1
[PE1-ospf-1] area 0
[PE1-ospf-1-area-0.0.0.0] network 172.1.1.0 0.0.0.255
[PE1-ospf-1-area-0.0.0.0] network 1.1.1.9 0.0.0.0
[PE1-ospf-1-area-0.0.0.0] quit
```

（2）配置 P，命令如下：

```
<Huawei> system-view
[Huawei] sysname P
[P] interface loopback 1
[P-loopback1] ip address 2.2.2.9 32
[P-loopback1] quit
[P] interface GigabitEthernet 0/0/0
[P-GigabitEthernet 0/0/0] ip address 172.1.1.2 24
[P-GigabitEthernet 0/0/0] quit
[P] interface GigabitEthernet 0/0/1
[P-GigabitEthernet 0/0/1] ip address 172.2.1.1 24
[P-GigabitEtherne 0/0/1] quit
[P] ospf
[P-ospf-1] area 0
[P-ospf-1-area-0.0.0.0] network 172.1.1.0 0.0.0.255
```

[P-ospf-1-area-0.0.0.0] **network 172.2.1.0 0.0.0.255**

[P-ospf-1-area-0.0.0.0] **network 2.2.2.9 0.0.0.0**

[P-ospf-1-area-0.0.0.0] **quit**

(3) 配置 PE2，命令如下：

\<Huawei\> **system-view**

[Huawei] **sysname PE2**

[PE2] **interface loopback 1**

[PE2-loopback1] **ip address 3.3.3.9 32**

[PE2] **interface GigabitEthernet 0/0/2**

[PE2-GigabitEthernet 0/0/2]   **ip address 172.2.1.2 24**

[PE2-GigabitEthernet 0/0/2] **quit**

[PE2] **ospf**

[PE2-ospf-1] **area 0**

[PE2-ospf-1-area-0.0.0.0] **network 172.2.1.0 0.0.0.255**

[PE2-ospf-1-area-0.0.0.0] **network 3.3.3.9 0.0.0.0**

[PE2-ospf-1-area-0.0.0.0] **quit**

配置完成后，PE1、P、PE2 之间应能建立 OSPF 邻居关系。执行 display ospf peer 命令可以看到邻居状态为 Full，执行 display ip routing-table 命令可以看到 PE 之间学习到对方的 LoopBack1 路由。

以 PE1 的显示为例，分别执行以下命令，显示结果分别如附图 2、附图 3 所示。

[PE1] dis ip routing-table

[PE1] dis ospf peer

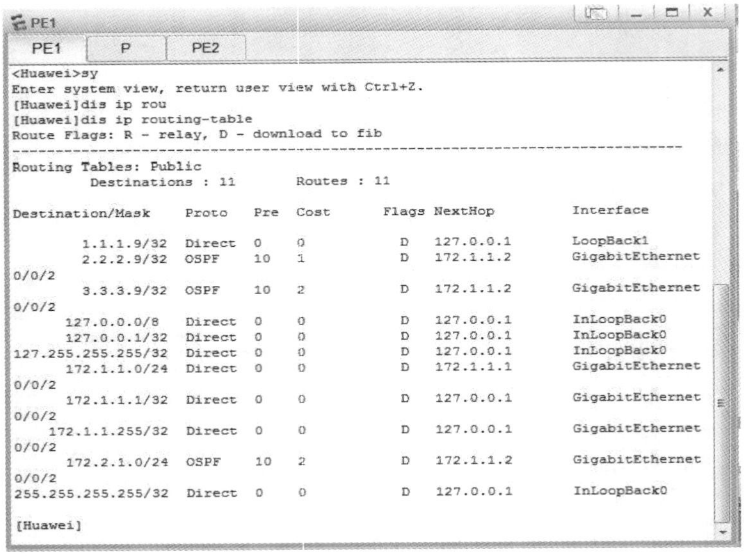

```
 PE1                                                          |□| _ |□| x |

  PE1      P       PE2

<Huawei>sy
Enter system view, return user view with Ctrl+Z.
[Huawei]dis ip rou
[Huawei]dis ip routing-table
Route Flags: R - relay, D - download to fib
------------------------------------------------------------------
Routing Tables: Public
         Destinations : 11       Routes : 11

Destination/Mask    Proto   Pre  Cost      Flags NextHop       Interface

        1.1.1.9/32  Direct  0    0         D     127.0.0.1     LoopBack1
        2.2.2.9/32  OSPF    10   1         D     172.1.1.2     GigabitEthernet
0/0/2
        3.3.3.9/32  OSPF    10   2         D     172.1.1.2     GigabitEthernet
0/0/2
      127.0.0.0/8   Direct  0    0         D     127.0.0.1     InLoopBack0
      127.0.0.1/32  Direct  0    0         D     127.0.0.1     InLoopBack0
127.255.255.255/32  Direct  0    0         D     127.0.0.1     InLoopBack0
      172.1.1.0/24  Direct  0    0         D     172.1.1.1     GigabitEthernet
0/0/2
      172.1.1.1/32  Direct  0    0         D     127.0.0.1     GigabitEthernet
0/0/2
    172.1.1.255/32  Direct  0    0         D     127.0.0.1     GigabitEthernet
0/0/2
      172.2.1.0/24  OSPF    10   2         D     172.1.1.2     GigabitEthernet
0/0/2
255.255.255.255/32  Direct  0    0         D     127.0.0.1     InLoopBack0

[Huawei]
```

附图 2　学习到对方的 LoopBack1

```
[Huawei]dis ospf peer

        OSPF Process 1 with Router ID 1.1.1.9
           Neighbors

 Area 0.0.0.0 interface 172.1.1.1(GigabitEthernet0/0/2)'s neighbors
 Router ID: 2.2.2.9          Address: 172.1.1.2
  State: Full  Mode:Nbr is  Master  Priority: 1
  DR: 172.1.1.1  BDR: 172.1.1.2  MTU: 0
  Dead timer due in 37  sec
  Retrans timer interval: 5
  Neighbor is up for 00:06:51
  Authentication Sequence: [ 0 ]

[Huawei]
```

附图 3　邻居状态为 Full

2. 在 MPLS 骨干网上配置 MPLS 基本能力和 MPLS LDP，建立 LDP LSP

(1) 配置 PE1，命令如下：

[PE1] **mpls lsr-id 1.1.1.9**

[PE1] **mpls**

[PE1] **mpls ldp**

[PE1-mpls-ldp] **quit**

[PE1] **interface GigabitEthernet 0/0/2**

[PE1-GigabitEthernet 0/0/2] **mpls**

[PE1-GigabitEthernet 0/0/2] **mpls ldp**

(2) 配置 P，命令如下：

[P] **mpls lsr-id 2.2.2.9**

[P] **mpls**

[P] **mpls ldp**

[P-mpls-ldp] **quit**

[P] **interface GigabitEthernet 0/0/0**

[P-GigabitEthernet 0/0/0] **mpls**

[P-GigabitEthernet 0/0/0] **mpls ldp**

[P-GigabitEthernet 0/0/0] **quit**

[P] **interface GigabitEthernet 0/0/1**

[P-GigabitEthernet 0/0/1] **mpls**

[P-GigabitEthernet 0/0/1] **mpls ldp**

[P-GigabitEthernet 0/0/1] **quit**

(3) 配置 PE2，命令如下：

[PE2] **mpls lsr-id 3.3.3.9**

[PE2] **mpls**

[PE2] **mpls ldp**

[PE2-mpls-ldp] **quit**

[PE2] **interface GigabitEthernet 0/0/2**

[PE2-GigabitEthernet 0/0/2] **mpls**

[PE2-GigabitEthernet 0/0/2] **mpls ldp**

[PE2-GigabitEthernet 0/0/2] **quit**

上述配置完成后，PE1 与 P、P 与 PE2 之间应能建立 LDP 会话。执行 display mpls ldp session 命令可以看到显示结果中 Status 项为"Operational"；执行 display mpls ldp lsp 命令，可以看到 LDP LSP 的建立情况。

以 PE1 的显示为例，分别执行以下命令，相应的显示结果如附图 4 和附图 5 所示。

[PE1] **display mpls ldp session**

[PE1] **display mpls ldp lsp**

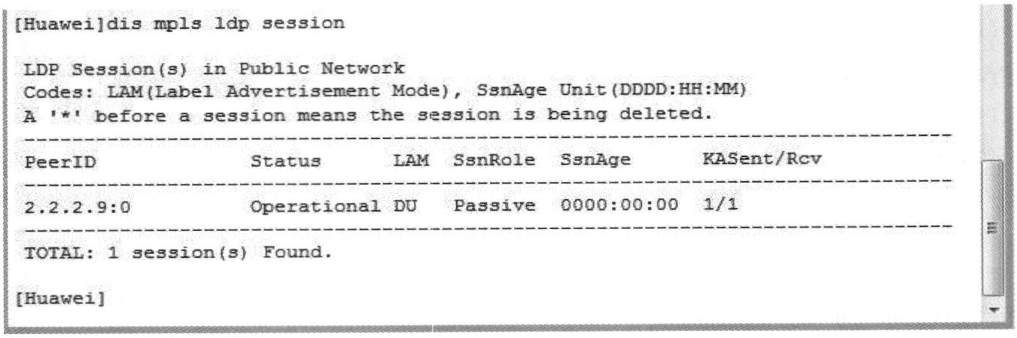

```
[Huawei]dis mpls ldp session

LDP Session(s) in Public Network
Codes: LAM(Label Advertisement Mode), SsnAge Unit(DDDD:HH:MM)
A '*' before a session means the session is being deleted.
-------------------------------------------------------------------
PeerID              Status       LAM   SsnRole   SsnAge       KASent/Rcv
-------------------------------------------------------------------
2.2.2.9:0           Operational  DU    Passive   0000:00:00   1/1
-------------------------------------------------------------------
TOTAL: 1 session(s) Found.

[Huawei]
```

附图 4　Status 项为"Operational"

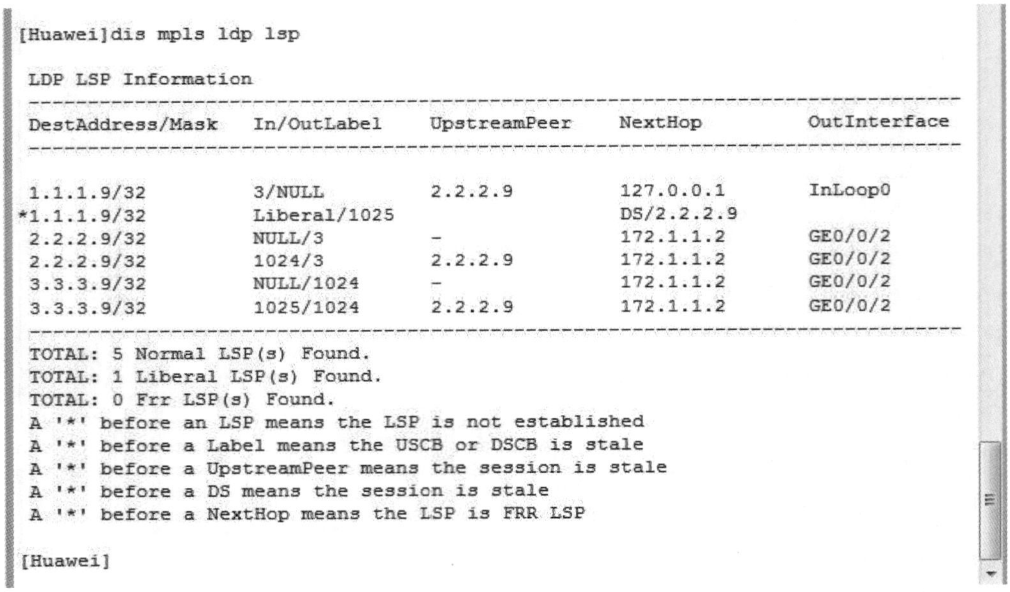

```
[Huawei]dis mpls ldp lsp

LDP LSP Information
------------------------------------------------------------------------------
DestAddress/Mask    In/OutLabel    UpstreamPeer    NextHop       OutInterface
------------------------------------------------------------------------------
1.1.1.9/32          3/NULL         2.2.2.9         127.0.0.1     InLoop0
*1.1.1.9/32         Liberal/1025                   DS/2.2.2.9
2.2.2.9/32          NULL/3         -               172.1.1.2     GE0/0/2
2.2.2.9/32          1024/3         2.2.2.9         172.1.1.2     GE0/0/2
3.3.3.9/32          NULL/1024      -               172.1.1.2     GE0/0/2
3.3.3.9/32          1025/1024      2.2.2.9         172.1.1.2     GE0/0/2
------------------------------------------------------------------------------
TOTAL: 5 Normal LSP(s) Found.
TOTAL: 1 Liberal LSP(s) Found.
TOTAL: 0 Frr LSP(s) Found.
A '*' before an LSP means the LSP is not established
A '*' before a Label means the USCB or DSCB is stale
A '*' before a UpstreamPeer means the session is stale
A '*' before a DS means the session is stale
A '*' before a NextHop means the LSP is FRR LSP

[Huawei]
```

附图 5　LDP LSP 的建立情况

3. 在 PE 设备上配置 VPN 实例，将 CE 接入 PE

(1) 配置 PE1，命令如下：

```
[PE1] ip vpn-instance vpna
[PE1-vpn-instance-vpna] ipv4-family
[PE1-vpn-instance-vpna-af-ipv4] route-distinguisher 100:1
[PE1-vpn-instance-vpna-af-ipv4] vpn-target 111:1 both
[PE1-vpn-instance-vpna-af-ipv4] quit
[PE1-vpn-instance-vpna] quit
[PE1] ip vpn-instance vpnb
[PE1-vpn-instance-vpnb] ipv4-family
[PE1-vpn-instance-vpnb-af-ipv4] route-distinguisher 100:2
[PE1-vpn-instance-vpnb-af-ipv4] vpn-target 222:2 both
[PE1-vpn-instance-vpna-af-ipv4] quit
[PE1-vpn-instance-vpnb] quit
[PE1] interface GigabitEthernet 0/0/0
[PE1-GigabitEthernet 0/0/0] ip binding vpn-instance vpna
[PE1-GigabitEthernet 0/0/0] ip address 10.1.1.2 24
[PE1-GigabitEthernet 0/0/0] quit
[PE1] interface GigabitEthernet 0/0/1
[PE1-GigabitEthernet 0/0/1] ip binding vpn-instance vpnb
[PE1-GigabitEthernet 0/0/1] ip address 10.2.1.2 24
[PE1-GigabitEthernet 0/0/1] quit
```

(2) 配置 PE2，命令如下：

```
[PE2] ip vpn-instance vpna
[PE2-vpn-instance-vpna] ipv4-family
[PE2-vpn-instance-vpna-af-ipv4] route-distinguisher 200:1
[PE2-vpn-instance-vpna-af-ipv4] vpn-target 111:1 both
[PE2-vpn-instance-vpna-af-ipv4] quit
[PE2-vpn-instance-vpna] quit
[PE2] ip vpn-instance vpnb
[PE2-vpn-instance-vpnb] ipv4-family
[PE2-vpn-instance-vpnb-af-ipv4] route-distinguisher 200:2
[PE2-vpn-instance-vpnb-af-ipv4] vpn-target 222:2 both
[PE2-vpn-instance-vpnb-af-ipv4] quit
[PE2] interface GigabitEthernet 0/0/0
[PE2-GigabitEthernet 0/0/0] ip binding vpn-instance vpna
[PE2-GigabitEthernet 0/0/0] ip address 10.3.1.2 24
[PE2] interface GigabitEthernet 0/0/1
[PE2-GigabitEthernet 0/0/1] ip binding vpn-instance vpnb
[PE2-GigabitEthernet 0/0/1] ip address 10.4.1.2 24
```

(3) 按附图 1 配置各 CE 的端口 IP 地址。

(4) 配置 CE1(CE2、CE3 和 CE4 与 CE1 类似，不再赘述)，命令如下：

```
<Huawei> system-view
[Huawei] sysname CE1
[CE1] interface GigabitEthernet 0/0/0
[CE1-GigabitEthernet 0/0/0] ip address 10.1.1.1 24
```

配置完成后，在 PE 设备上执行 display ip vpn-instance verbose 命令，可以看到 VPN 实例的配置情况。各 PE 能 ping 通自己接入的 CE。

当 PE 上有多个端口绑定了同一个 VPN，使用 ping -vpn-instance 命令 ping 通对端 PE 接入的 CE 时，要指定源 IP 地址，即要指定 ping -vpn-instance *vpn-instance-name* **-a** *source-ip-address dest-ip-address* 命令中的参数**-a***source-ip-address*，否则 ping 不通。

以 PE1 为例，分别执行以下命令，相应的显示结果如附图 6 和附图 7 所示。

```
[PE1] dis ip vpn-instance verbose
[PE1] ping -vpn-instance vpna 10.1.1.1
```

```
[Huawei]dis ip vpn-instance verbose
 Total VPN-Instances configured        : 2
 Total IPv4 VPN-Instances configured : 2
 Total IPv6 VPN-Instances configured : 0

 VPN-Instance Name and ID : vpna, 1
  Interfaces : GigabitEthernet0/0/0
 Address family ipv4
  Create date : 2021/08/14 18:49:58 UTC-08:00
  Up time : 0 days, 00 hours, 12 minutes and 50 seconds
  Route Distinguisher : 200:1
  Export VPN Targets :  111:1
  Import VPN Targets :  111:1
  Label Policy : label per route
  Log Interval : 5

 VPN-Instance Name and ID : vpnb, 2
  Interfaces : GigabitEthernet0/0/1
 Address family ipv4
  Create date : 2021/08/14 18:53:31 UTC-08:00
  Up time : 0 days, 00 hours, 09 minutes and 17 seconds
  Route Distinguisher : 200:2
  Export VPN Targets :  222:2
  Import VPN Targets :  222:2
  Label Policy : label per route
  Log Interval : 5
```

附图 6　VPN 实例的配置情况(一)

```
[Huawei]ping -vpn-instance vpna 10.1.1.1
  PING 10.1.1.1: 56  data bytes, press CTRL_C to break
    Reply from 10.1.1.1: bytes=56 Sequence=1 ttl=255 time=660 ms
    Reply from 10.1.1.1: bytes=56 Sequence=2 ttl=255 time=30 ms
    Reply from 10.1.1.1: bytes=56 Sequence=3 ttl=255 time=30 ms
    Reply from 10.1.1.1: bytes=56 Sequence=4 ttl=255 time=40 ms
    Reply from 10.1.1.1: bytes=56 Sequence=5 ttl=255 time=30 ms

  --- 10.1.1.1 ping statistics ---
    5 packet(s) transmitted
    5 packet(s) received
    0.00% packet loss
    round-trip min/avg/max = 30/158/660 ms

[Huawei]
```

附图 7　VPN 实例的配置情况(二)

4. 在 PE 之间建立 MP-IBGP 对等体关系

(1) 配置 PE1，命令如下：

```
[PE1] bgp 100
[PE1-bgp] peer 3.3.3.9 as-number 100
[PE1-bgp] peer 3.3.3.9 connect-interface loopback 1
[PE1-bgp] ipv4-family vpnv4
[PE1-bgp-af-vpnv4] peer 3.3.3.9 enable
[PE1-bgp-af-vpnv4] quit
[PE1-bgp] quit
```

(2) 配置 PE2，命令如下：

```
[PE2] bgp 100
[PE2-bgp] peer 1.1.1.9 as-number 100
[PE2-bgp] peer 1.1.1.9 connect-interface loopback 1
[PE2-bgp] ipv4-family vpnv4
[PE2-bgp-af-vpnv4] peer 1.1.1.9 enable
[PE2-bgp-af-vpnv4] quit
[PE2-bgp] quit
```

配置完成后，在 PE 设备上执行 display bgp peer 或 display bgp vpnv4 all peer 命令，可以看到 PE 之间的 BGP 对等体关系已建立，并达到 Established 状态。

以 PE1 对等体关系为例，分别执行以下命令，相应的结果如附图 8 和附图 9 所示。

```
[PE1] dis bgp peer
[PE1] dis bgp vpnv4 all peer
```

```
<Huawei>dis bgp peer

 BGP local router ID : 1.1.1.9
 Local AS number : 100
 Total number of peers : 1          Peers in established state : 1

  Peer            V        AS MsgRcvd MsgSent  OutQ  Up/Down       State Pre
fRcv

  3.3.3.9         4       100      65      68     0 01:01:35 Established
   0
<Huawei>
```

附图 8　PE 之间的 BGD 对等关系已建立，并达到 Established 状态(一)

```
[Huawei]dis bgp vpnv4 all peer

 BGP local router ID : 1.1.1.9
 Local AS number : 100
 Total number of peers : 1          Peers in established state : 1

  Peer            V        AS MsgRcvd MsgSent  OutQ  Up/Down       State Pre
fRcv

  3.3.3.9         4       100       2       5     0 00:00:57 Established
   0
```

附图 9　PE 之间的 BGD 对等关系已建立，并达到 Established 状态(二)

5. 在 PE 与 CE 之间建立 EBGP 对等体关系，引入 VPN 路由

(1) 配置 CE1(CE2、CE3 和 CE4 与 CE1 类似，不再赘述)，命令如下：

```
[CE1] bgp 65410
[CE1-bgp] peer 10.1.1.2 as-number 100
[CE1-bgp] import-route direct
[CE1-bgp] quit
```

(2) 配置 PE1(PE2 的配置与 PE1 类似，不再赘述)，命令如下：

```
[PE1] bgp 100
[PE1-bgp] ipv4-family vpn-instance vpna
[PE1-bgp-vpna] peer 10.1.1.1 as-number 65410
[PE1-bgp-vpna] import-route direct
[PE1-bgp-vpna] quit
[PE1-bgp] ipv4-family vpn-instance vpnb
[PE1-bgp-vpnb] peer 10.2.1.1 as-number 65420
[PE1-bgp-vpnb] import-route direct
[PE1-bgp-vpnb] quit
[PE1-bgp] quit
```

配置完成后，在 PE 设备上执行 display bgp vpnv4 vpn-instance peer 命令，可以看到 PE 与 CE 之间的 BGP 对等体关系已建立，并达到 Established 状态。

以 PE1 与 CE1 的对等体关系为例，执行以下命令，结果如附图 10 所示。

```
[PE1] dis bgp vpnv4 vpn-instance vpna peer
```

```
[Huawei]dis bgp vpnv4 vpn-instance vpna peer

BGP local router ID : 1.1.1.9
Local AS number : 100

VPN-Instance vpna, Router ID 1.1.1.9:
Total number of peers : 1          Peers in established state : 1

 Peer            V          AS MsgRcvd MsgSent  OutQ  Up/Down      State Pre
fRcv

 10.1.1.1        4       65410      10      10     0 00:07:15 Established
   1
```

附图 10　查看 PE1 与 CE1 的对等体关系

6. 验证配置结果

在 PE 设备上执行 display ip routing-table vpn-instance 命令，可以看到去往对端 CE 的路由。以 PE1 的显示为例，分别执行以下命令，相应结果如附图 11～附图 14 所示。

[PE1] dis ip routing-table vpn-instance vpna

[PE1] dis ip routing-table vpn-instance vpnb

```
[Huawei]dis ip routing-table vpn-instance vpna
Route Flags: R - relay, D - download to fib
------------------------------------------------------------------------------
Routing Tables: vpna
        Destinations : 5        Routes : 5

Destination/Mask    Proto   Pre  Cost    Flags NextHop        Interface
      10.1.1.0/24   Direct  0    0          D  10.1.1.2       GigabitEthernet
0/0/0
      10.1.1.2/32   Direct  0    0          D  127.0.0.1      GigabitEthernet
0/0/0
    10.1.1.255/32   Direct  0    0          D  127.0.0.1      GigabitEthernet
0/0/0
      10.3.1.0/24   IBGP    255  0         RD  3.3.3.9        GigabitEthernet
0/0/2
255.255.255.255/32  Direct  0    0          D  127.0.0.1      InLoopBack0
```

附图 11　查看去往对端 CE 的路由(一)

[CE1] ping 10.3.1.1

```
[Huawei]dis ip routing-table vpn-instance vpnb
Route Flags: R - relay, D - download to fib
------------------------------------------------------------------------------
Routing Tables: vpnb
        Destinations : 5        Routes : 5

Destination/Mask    Proto   Pre  Cost    Flags NextHop        Interface
      10.2.1.0/24   Direct  0    0          D  10.2.1.2       GigabitEthernet
0/0/1
      10.2.1.2/32   Direct  0    0          D  127.0.0.1      GigabitEthernet
0/0/1
    10.2.1.255/32   Direct  0    0          D  127.0.0.1      GigabitEthernet
0/0/1
      10.4.1.0/24   IBGP    255  0         RD  3.3.3.9        GigabitEthernet
0/0/2
255.255.255.255/32  Direct  0    0          D  127.0.0.1      InLoopBack0
```

附图 12　查看去往对端 CE 的路由(二)

[CE1] ping 10.4.1.1

```
<Huawei>ping 10.3.1.1
  PING 10.3.1.1: 56  data bytes, press CTRL_C to break
    Reply from 10.3.1.1: bytes=56 Sequence=1 ttl=252 time=440 ms
    Reply from 10.3.1.1: bytes=56 Sequence=2 ttl=252 time=50 ms
    Reply from 10.3.1.1: bytes=56 Sequence=3 ttl=252 time=60 ms
    Reply from 10.3.1.1: bytes=56 Sequence=4 ttl=252 time=80 ms
    Reply from 10.3.1.1: bytes=56 Sequence=5 ttl=252 time=60 ms

  --- 10.3.1.1 ping statistics ---
    5 packet(s) transmitted
    5 packet(s) received
    0.00% packet loss
    round-trip min/avg/max = 50/138/440 ms
```

附图 13　ping 通的结果(一)

```
<Huawei>ping 10.4.1.1
  PING 10.4.1.1: 56  data bytes, press CTRL_C to break
    Request time out
    Request time out
    Request time out
    Request time out
    Request time out

  --- 10.4.1.1 ping statistics ---
    5 packet(s) transmitted
    0 packet(s) received
    100.00% packet loss
```

附图 14　ping 通的结果(二)